秋刀魚變溫柔了

盧怡安

獻給

正雄
寶貝
貓男姐姐
貓男

目錄

在市場

在廚房

茶案前

餐桌上

後記

在市場

和筍殼拔河

「等一下～～～～」我用「刀下留人」的尾音，朝著菜市場阿姨喊。因為她正滿心專注，耳朵完全不理人，朝我剛挑好的七支綠竹筍下刀。「殼不要去掉！」我喊了好幾聲她還是沒在聽，情急之下我捏住她拿刀的手腕，和正要被削去的筍殼拔河。

夏季的綠竹筍真是太鮮美了，細皮嫩肉的，看那刀口下的筍屁股，正汩汩滲出晶亮的汁液呢，都能想得到等等入口那脆裡噴汁的口感。但是，等一下，這綠竹筍就是要一口氣買七八支，而且每一支，都得留著它那棕綠飛白的筍殼啊。

就像海產攤帶殼燙好的鮮蝦一樣，剝開殼的瞬間，甜鮮的汁液還會噴得你兩手都是；帶殼燙好的綠竹筍太華麗了，和剝蝦一樣，明明心裡喊著「燙、燙、燙、燙」，卻總是喜歡擠在那剛離鍋還燙手的時候，就剝來切了塞進嘴巴裡。嗯～唔～這甜味怎麼回事？太豐厚了又太爽口了吧？

一定要帶殼燙煮啊。在筍殼的包覆下，僅僅是鹽水燙過的微鹹，就能讓筍子一支支甘美滴汁，一滴不漏。得要邊咬邊吮，以免鮮筍汁從嘴角滑出來。剝開還冒著煙的筍殼，此刻湧散著芳美的筍香，我貪心地大吸幾口，鼻尖與舌尖都充滿清甜的芬芳。

為什麼要買七八支？和烏殼綠、麻竹筍不一樣，綠竹筍個頭小小，細嫩如梨，與其說按照其菜市場名「沙拉筍」當沙拉吃，不如說像啃水果一樣，站在爐台旁邊燙筍，就已經不小心剝了兩支現吃掉了。等等還不出來到底是要燉點筍雞湯來嚐嚐湯裡的鮮甘，還是要炒開享受它唰滋唰滋的鮮脆感。所以就，都吃。買八支很剛好的。

帶皮的雞，在鍋裡燉得差不多香，就把燙好的幼嫩綠竹筍，每小支切成六份，放進去一起滾一下就起來。喔喔喔~~比剛剛搶先偷吃時更醇潤了。雞湯潤澤了嫩筍，用大大的平底瓷湯匙，連湯帶筍地送進口裡，前齒才剛陷入筍的爽脆之中，兩頰唏哩呼嚕地已經被雞湯與筍汁的雙重甘美給感動了。

一時太滿足，整鍋都吃掉了，想要再嗑一盤炒筍，心有餘而胃不足。不過帶殼燙煮過的筍子放涼了冰妥，隔天再來享用，不怕它老，也不怎麼怕失去水潤的。

清炒當然就很過癮，但我試過一次就超級喜歡花蛤炒筍，榮幸地請來花蛤的鹹鮮給綠竹筍做嘉賓後，實在太迷戀把炒蛤湯汁澆淋在筍尖上，再簌嚕嚕地連筍鮮、連蛤鮮大嚼好幾口。

連三頓一個人的筍宴，清香、醇潤，或鹹甘，一點都不覺得有重複感。但有時候也會隔一兩頓，累積點思念，再一口氣爆吃整桌筍的饗宴。所以說，讓筍子阿姨刀下留殼，保護好筍的鮮度，實在是很重要。

家附近的攤商阿姨總是服務太好，好到我有時候哭笑不得。明明已經千叮嚀萬囑咐，啊，我就是喜歡那筍殼。她們要不就忙忘了，要不就總是用「別跟我客氣」的微笑，彎刀一刺，又幫我把筍殼唰啦啦地去掉了。

怎麼樣，我就是那種不領情，喜歡站在鍋旁邊自己扒筍殼的人嘛。鍾情於筍殼包覆下的多汁、甜潤，不好意思了，不用對我那麼好，下次我還是會跟筍殼拔河。

〔花蛤炒筍〕

我太愛吃筍，所以幾乎都是筍子一來，清燙或清炒，馬上吃光不剩。但在我日本 IG 網友的 post 中發現，哇，耐著饞意，把海鮮的鮮味與筍子的鮮味疊加，添入許多細節，會變成好令人印象深刻的一道菜。謝謝她的啟發。

海瓜子半斤（超愛海鮮的話可以多加一些）**、綠竹筍 2 支、綠蘆筍 2 把**
蒜（初夏，有筍的五月，也是新蒜陸續上市的季節，
特地買一些新蒜來炒吧，別有風味）

1 綠竹筍去殼，直剖成數條。

2 花時間將新蒜仔細去皮，剁碎。

3 綠蘆筍切去最後五公分硬梗，然後切成一個指節長。（呃，我手指比較短，你切成比一個指節略短好嗎？）

4 海瓜子浸鹽水吐沙。

5 蒜末用一點點油炒香，下竹筍尖，讓每根筍都接觸鍋面。用筷子逐一翻面，煸到邊緣帶褐。

6 海瓜子下鍋炒至殼開。

7 綠蘆筍最後下鍋，翻拌出香味。

8 仔細試試味道。海瓜子通常有鹹味，先不放鹽；如果鹹味不夠，再加一點點鹽，可以的話就盛盤。

是不是很簡單？

在市場老鋪學做菜

我臉皮薄。看到老鋪漂亮的老道具們，手癢忍不住要舉起相機按個幾張時，就會臉紅。想說，那買些店裡的什麼回家吧，不然多不好意思？

在嘉義市百年東市場側面入口的老牌乾貨行裡，我多瞅了整排漂亮的方形老木盒幾眼，當然，馬上就鼓起微笑，出聲喚老闆娘，買了兩尾乾魷魚。

老闆娘熱情，又是寒暄又是詢問我目的、做法的，想要仔細幫我挑大小、長度、軟硬都合乎需求的乾魷魚。它們看上去都差不多，對。但當我隨口說，想直接在金網上烤來吃，她便翻找一陣，為我挑出了小條一點，但實軟有彈性的幾尾。她掂在手中，只是晃個幾下，我的眼睛自動轉換成慢動作特寫播放模式。哇，那晃呀晃的，展現出來的魷魚彈性，怎麼那麼誘人啊？原本只是意思意思交關的我，著迷地多買了兩尾。

「要烤來吃嗎？」老闆娘一面大讚這種做法，用炭火烤香後，塞進嘴裡邊嚼邊散發乾貨香，口中滿是酥麻，一面很高竿地再推薦我旁邊盒子裝的，調了味、大片溢香的「香魚片」。我平時不怎麼愛那甜味過頭的蜜滋味，但身處在老鋪深邃、暗棕色的時光氣氛中，美得令人意識朦朧，甘願被牽著鼻子走。

結帳時，不用說，漂亮風化的古舊木桌，襯著漂亮的瓶瓶罐罐乾貨干貝，不妙啊，不妙。我不安於室的貪美視線，又不小心去掃到結帳木桌旁，紙箱內疊放的鹹魚、鯖魚。

鹽醃過的鹹魚，銀亮外皮，vintage 成帶金屬感的黃銅色澤，像骨董店裡漂亮的老船銅件，整疊曖曖內含光。想不多看兩眼，哪做得到？

老闆娘又趨近過來，二話不說撈了一尾大尾的鹽醃鯖魚起來給我。

不貴，七十元，真比新鮮的還便宜了。但我苦笑，欸，不是啊，它是鹹魚耶，這買回家到底可以拿它怎辦？

「滷肉啊。」老闆娘飛快地說了一遍她以鹹魚滷煮五花肉的食譜。「太快了，再說一次。」帶著攝影眼來巡弋老市場的我，終於正式換上廚房魂模式。

我很快從她口中發現，她早將江浙菜中經典的鹹魚燒肉，轉化成了台灣的鹹甜和蒜味口味。

先將五花肉、鹹魚煎香，醬油、糖滷煮，然後豆腐切小塊，蒜苗切成蒜花，最後最後再放進去。「豆腐、蒜苗一定要最後再放進去哦。」她邊用粉紅色塑膠繩，束起鹹魚尾巴遞給我拎走，不忘交代我食譜的精華細節。

天知道，我居然就這樣，不知道哪來的勇氣，拎著它坐高鐵，拎著它去當晚訂好的高級餐廳吃晚餐，然後連熟識的主廚都忍不住側目。大概心想，怎麼會有人隨身帶著一條鹹魚啦？

先說結論，鹹魚滷肉好吃，太好吃了。

我捨不得將醬油蓋過鹹魚的甘香，熱油煎過的鹹魚（當然要先偷吃，請配飯）多放一些，和等量的五花肉（一樣煎香、撒鹽、偷吃）入鍋滾煮一下，醬油的量收手一些，糖也斟酌不要太多，以免掩蓋了鹹魚的香氣。至此已經不太江浙感了，所以蒜苗大把放入、鹹魚與肉先起鍋讓位、把豆腐切塊丟入時，根本已經是台式滷煮四破魚乾的做法了。

湯汁淺而味濃，豆腐不用多滾。起鍋鹹甜香爆發，我恨自己沒有多煮點白飯。

在高鐵上拎鹹魚的恥感，已經被此刻口裡的濃醇香遠遠遠遠超越了。

〔鹹魚滷肉〕

撇開外表和心理障礙啊，把看起來好像有點不好親近的鹹魚一口氣煎香，就可以乘著它豐沛的鹹味和深度，燒煮出可口下飯的一鍋。

鹹魚半尾、五花肉 1 條、青蒜 3 支、豆腐 1 塊、醬油 50 毫升、糖 1 大匙

1 青蒜切段，每段三公分左右，蒜綠和蒜白分開。

2 把鹹魚沿著魚骨剖半，除去邊邊的刺，橫切成八塊左右。

3 將整條帶皮五花肉切成比一口稍大的塊狀，約兩公分寬。

4 在炒菜鍋中放點油，放入蒜白略煎，取出，再將鹹魚放入，慢慢煎到赤香。如果燉鍋是方便在鍋底煎肉的鑄鐵鍋，也可以直接在燉鍋中煎。（香味跑出來以後，覺得鹹魚沒那麼可怕了吧？）

5 鹹魚先起鍋，放入五花肉塊，一樣煎香。鹹魚的甘香留在鍋中，可能會有點焦，所以火不要太大，讓五花肉慢慢吸收它的鹹香味。

6 將煎好的蒜白、鹹魚跟五花肉放到燉鍋中，加水加到剛好蓋過的量，開火燒滾。（我加了一碗半的水，大約是 500 毫升。）

7 滾十五到二十分鐘，可試鹹淡，視情況加入醬油及糖。（我加了約 50 毫升的醬油。）

我當然非常希望不加醬油，把鹹魚的滋味燒進五花肉最好。但試一下味道，如果真的鹹味或甘味不足，就一次一點點，加入甘口的醬油。

8 鹹魚和肉撈起，豆腐切成小塊放入，轉小火略煮五分鐘即可。

9 鹹魚和肉輕輕放回鍋中，不要壓壞豆腐。將蒜綠段放入，熄火，輕輕與各材料拌勻即可。

好下飯喔，白飯要多煮一點。

初次約會
是去市場買排骨酥

小機車嘟嘟嘟地穿入嘉義的東市場。

騎車載我的是穿著潔白上衣、卡其長裙，仙女一般的霜空咖啡老闆娘Nicole。就算是她安靜出塵的氣質，也在「來來來，趕快買」、「一斤五十啦，一斤五十就好」海浪般的叫賣聲中，沾染上了東市場黃昏時分的熱鬧。

那是二〇一九年的事，我和Nicole第一次見到面。我follow她許久，曾想過第一次的相會，可能是喝著咖啡，可能是吃著甜點，又或者是在嘉義市中山路的老房子間安靜散步。沒想到她一見面，遞給我一頂安全帽說：「我們去市場買菜回來煮吧。」我開懷地笑了。正合我意。

能夠在外地市場，無論看到什麼新奇的，手指著就買下來，等等馬上可以親手料理，是一件超幸福的事。

嘉義東市場太多驚喜。鮮潤豔紅的生鮮鱔魚，成簍的產地田雞，出了嘉南就看不到的蟳粿……我太興奮了。更幸福的是我眼珠一轉，沒來由地想到一樣什麼食材，Nicole 就仙子一般，領我到她覺得最棒的一攤去買。

其中一項，就是排骨酥。

我覺得很奇妙，嘉義街角的攤子，和其他城市的不太一樣。其他地方多數都是三步一家珍珠奶茶，五步一家炸雞排店。嘉義是，隔幾步一家楊桃汁攤，隔一條街一家炸排骨酥店。而且炸排骨酥店的生意之好，不跟著排一下隊，還真買不到哩。我每次都會爆吃一袋香香酥酥的排骨酥。相較其他地方，我喜歡嘉義流行款煸炸得更乾爽的這件事。感覺好像稍硬了一些，但牙齒咬嚙開來後，便會很感謝這種耐嚼硬香的滋味，肉香中有陽光曬過的感覺。

Nicole 微微笑說，也可以煮成排骨酥湯呦。

小仙子拎著我去了嘉義黃昏市場裡她最喜歡的排骨酥攤，我想都沒想就買了對面攤子的蘿蔔回去一起煮。

在嘉義很受歡迎的 Antik 民宿廚房裡，我和 Nicole 都太小隻，傍著因女主人 Shelly 身高而做的流理台，像兩個幫忙媽媽做菜的小學生。但也因此，連切個蘿蔔都變得那麼歡樂好笑。

直到當天我負責做的煎魚、排骨蘿蔔湯上桌，才有人輕鬆地跟我說，嘉義的排骨酥，都是燉冬瓜的呢。「嗄？怎麼不早說？」我唰地一下臉好紅。

在台北，排骨酥多半都燉蘿蔔。蘿蔔的脆甜，帶一點辛味，越熬越甜，襯排骨酥的醬味剛好，甜味變得厚實，辛辛草味卻讓它一點都不膩。

燉冬瓜會是什麼滋味呢？想煮。

沒有真正的嘉義排骨酥，做這道湯就不有趣了。但沒想到買好了東市場最負盛名的袁家排骨酥，再帶上冬瓜，竟然已經是兩年後的今天了。

我燉開了排骨，滾酥了冬瓜。香菜是一定要的，但竟然不用另外調味。冬瓜的清甜，為醬味帶來好清澈的鮮澄。甜味很雅，綿滑柔軟的質地，用兩頷一夾即溶，汨出的是乾淨澄澈的微微香甜。

簡直就是 Nicole 安靜充滿仙氣的笑容。

在此襯托之下，嘉義式排骨酥的肉味更濃了，硬香有勁，我不自覺多喝了幾碗。

入十二月後，冬寒凛凛，想再煮一鍋，和我初次約會就去菜市場的嘉義愛人們，一起喝。

〔排骨酥冬瓜湯〕

這道菜簡單到不需要食譜。我只是想告訴大家，嘉義人通常會拿冬瓜燉排骨酥，然後嘉義的排骨酥很好吃。只是想講這個而已。

排骨酥 1 斤、冬瓜半圈

1 冬瓜去皮，切成大方塊狀。

2 半鍋水約 1500 毫升，燉煮排骨酥。

喜歡排骨酥維持稍硬的狀態，就先燉冬瓜，最後再放排骨酥；喜歡排骨酥略軟，則先燉排骨酥。我兩種都喜歡（有人問我嗎），有時候想吃硬一點，比較香；有時想吃軟一點，湯比較有味。

3 放入冬瓜塊繼續燉煮。

通常先燉排骨酥時，到湯色出來，微有淺褐色時，就可以放冬瓜了。冬瓜比想像中容易軟，建議煮至略呈透明時即可熄火，或一邊煮一邊試試軟硬。通常離火之後，在燉鍋持續的熱力下，冬瓜還會繼續軟一些些。所以我喜歡在還不是很酥軟的時候就先熄火了。

4 試試湯的鹹淡。可以撒些白胡椒粉，以及香菜。

一斤的排骨酥加半鍋水煮，味道蠻濃，我通常不另加調味，但可以視個人口味調整。

跟你認識的嘉義人一起吃吃看。

市場歸來後的家常菜

絹白的米苔目，在瀰漫著鮮肉香氣，霧色的灶上湯裡，翻啊滾的。大型的湯勺一撈，捲動的熱氣，噗噗噗地迎面蒸騰而來。

旁邊一位太太，像用手扒雞手套般把塑膠袋備妥在手上，往裝了油飯的大木桶裡，赫地抓了滿掌Q彈糯米。一邊俐落地反手把油飯落入袋中，一邊眼角沒有遺漏我，從丹田發出宏聲招呼：「愛某？」

真是典型的三重市場口。不，太多傳統市場都有的名畫面。我咕嘟一聲吞下喉間的口水，快步往前走。今天要煮的食材半樣都還沒買到哩，差點想要不爭氣地拉把凳子坐下，用道地台語、熟客口吻說：「豬肺、豬皮，米粉湯愛胡椒。」

「不不不不不，我今天是……」還來不及左右搖頭甩掉不想努力的念頭，幸而，旁邊海產攤上的鮮物，總是不會令人失望地迅速向我招手，施展過人的魅力，我就這麼自然地被吸了過去。

顏色灰樸、背殼嶙峋，微帶一點怪物感的石蟳，已經到港啦。啊~那個肉超Q的，口水都流下來了。沒問價錢，立刻包了兩隻起來。

哇哇，新上市的新鮮蓮子。哇哇，漂亮的新鮮山葵。幾乎每次上市場，都是這樣，在市場口先被勾引出了想坐下來大吃的欲望，然而總贏不過看到鮮奇食材的誘惑。奇妙的食材一樣樣遇見，那種「好想料理、好想料理」，或者「我要先這樣這樣，然後再那樣那樣」的癢感，從手指間，一路傳到心上。指尖忍不住亂顫，心頭也癢癢的，讓我路過超香現煮魚丸、超甜現煮玉米、超誘人現蒸肉粽、道地越南牛肉河粉，居然可以毫不停步。

回到家才覺得自己傻欸，好像進了吃到飽餐廳，卻空手什麼也沒吃就回家了。

肚子空空，趕緊往滿滿的袋子裡瞧，看自己剛剛究竟被什麼美物迷得神魂顛倒了，還不快現在馬上料理來吃。

哇，石蚌在手好滿足。但它就是該燙好，大塊大塊地一一剝出來，霜白帶嫣紅的成塊Q肉，直接大口大口的滿山入喉，才過癮哪。嗯，剝完應該餓扁了，現在不行。

啊，有買漂亮的新鮮蓮子。但它就是該很快地輕輕滾過即起，那脆鮮如筍、如嫩芽的質地，才會好珍貴地被留下來。欸，但不是，早上近午到現在都還沒吃，仙氣十足的鮮蓮湯，會像冬天穿漂亮雪紡紗出門一樣，止不住（胃的）寒意啊。

者者者、者者者。有什麼在袋裡移動的感覺。啊，就是它了，剛買的活鮑魚。

我喜歡各種帶殼的海鮮，感覺上越是堅硬抵抗的，越是噴鮮柔美。這種反差萌，讓人愛透了甲殼。於是我每回路過活海鮮攤位，都要倒退回來，忍不住買購物清單上沒有的，活鮑魚一斤。

活鮑魚不但要趁鮮料理，而且意外地，真的可以很快速做好。簡直就跟炒一盤蛋沒有什麼兩樣，香氣一出來，就可以起鍋了。帶嫩的半生，是加分。是不是好適合在市場歸來後，大啖一盤？

早上沒吃到大腸麵線炒米粉肉羹湯炸紅燒肉的過門不入，都因為一盤炒活鮑，補回滿足。

鮑魚鮮彈，鮑肝濃郁馥厚，帶一點深沉的鹹甘味。鮑肝不要丟掉，我喜歡將鮑肝炒鮑貝，然後只需要一點點鹽撒下去，就像引信點燃煙火，一整個華美的海鮮甘味，咻迸地放射性爆開。

但只有彈牙感太單調了，我喜歡隨手切進當天有的蔬果。春天用翠綠透亮的萵筍斜切成片，夏天用佛手瓜、絲瓜，冬天用短芥蘭度。脆上乘鮮的口感，在鍋內滾滾沾染上鮑肝香鹹，根本最棒天團組合。

鮑魚炒萵筍和鮑魚炒佛手瓜，已經成為我拿手的家常菜，很熟的朋友多半在我家裡吃過。「家常菜是鮑魚？」聽起來有些不合理，哈哈。一半是因為它的身價，一半是因為它總被人覺得很難料理。

乾鮑珍貴，價格不菲，發乾鮑也真要有些技巧跟經驗。但新鮮鮑魚，聽我說，他們就和其他新鮮的海鮮一樣，像花枝、像透抽，趁鮮落鍋大火快炒一番，保證簡單，保證好吃。

有一回在料理教室上刀工課，來和我同樂的客人們剛好問到，新鮮鮑魚，那要怎麼處理啊？感覺很容易把它煮硬了。要先酒蒸？還是做什麼處理？我嘆了一口氣：「妳是不是知道我今天有買鮑魚？」我像被抓到一樣承認，把上午買的鮑魚從保鮮室拿出來，唰唰唰地洗好對切，用不到五分鐘的時間，炒開讓大家分享。

當那鮑肝在烈火鍋中焦褐，香氣炸開的時候，真的像節慶的煙火，熱烈盛放。我好怕料理教室隔壁的鄰居也跑來。

一點都不會硬啊，彈彈鮮鮮。唯一的缺點是看起來髒髒的不討喜。但市場歸來，就是該吃這一味。

〔鮑魚炒絲瓜〕

鮮彈的鮑魚，美妙，我總喜歡配一些脆脆的蔬菜來炒。等一下，絲瓜可以脆脆的嗎？可以哦。換個方向切絲瓜，吃它脆脆的優點，以後沒有鮑魚也可以炒來吃得很開心。

鮑魚8顆、絲瓜1條、鹽少許

1 輕柔地用削皮刀將絲瓜硬皮去掉，要很輕柔，留下越多鮮綠色的部分越好。

2 一條中等的絲瓜，去掉頭尾，橫切成三等分；若較長較大，可以切成四等分。

3 每一份圓柱狀絲瓜立起來，像切蛋糕那樣切成六等分細長條。

4 每一細長條的絲瓜，切除靠中心的白色軟綿組織後，再縱切一次，成為兩條細長絲瓜。

5 鮑魚稍微刷洗乾淨，用湯匙，從殼較薄處伸進去，將鮑魚去殼。

6 去殼完的鮑魚對半縱切，要留下鮑肝。

7 熱鍋，燒熱約一湯匙半的油，放入鮑魚、鮑肝，快速翻炒，隨即放入絲瓜條。

8 均勻撒下鹽調味，迅速翻炒，至絲瓜外層看起來翠綠油潤，即可起鍋。

絲瓜會沾染不少鮑肝，看起來好像髒髒的。我特別喜歡鮑肝潤透絲瓜條的滋味，但不喜歡的人可以撇除鮑肝。（可惜啊，可惜！）

為什麼明明看起來髒髒的，卻那麼引誘我流口水呢？因為鮑肝的滋味醇厚，有足夠的鹽帶出鮮味，好喜歡。

〔磯煮鮑魚〕

鮑魚整顆煮好，真是說有多華麗就有多華麗。但在我們家，這個比較像煮好以後放在那裡隨便拿幾顆來吃的零食，QQ 好嚼。推薦你做這道零食來吃。（笑）

鮑魚 8 顆、昆布 2 段（每段約 15 公分）**、水 500 毫升、清酒 100 毫升**
醬油 100 毫升、味醂 100 毫升、糖 2 湯匙、鹽 1 小匙

1 新鮮鮑魚帶殼稍微刷洗清潔。

2 取一土鍋，將一兩截昆布墊在鍋底，帶殼的鮑魚平排其上。

3 倒入水、清酒、醬油、味醂、糖、鹽，水面要淹過所有鮑魚。

4 開中大火煮至滾，熄火，蓋上土鍋的蓋子，燜二十分鐘即成。

5 溫溫或涼涼地吃，昆布也可以裁剪成小塊享用。

孩子們最喜歡的鮑魚做法，是這道磯煮鮑魚。但從小就讓他們把鮑魚當零食在吃，到底是好還是不好呢？還是來自己下酒就好？（喂！）

專程為市場裡那家麵店捏茴香餃子

我有點羞澀。不知道到底要不要靠近。

製麵店裡的傳統製麵機捲動，轟嘎嘎嘎不停的長音。瘦高微佝的老闆，來回搬動幾捆根本就是白棉被的巨大麵卷，磅磅乒乒地重放在工作檯面上準備裁切。除此之外，一片安靜。

老闆娘兩手停不下來，分秤著各種麵：鵝黃的油麵、潤白的烏龍麵、淺米色的家常扁麵……大而漂亮的眼睛緊瞅著手邊快速規律的動作，完全沒有表情，沒有招呼聲。不像平時菜市場裡其他老闆娘們，反射性地重複自動播送：「來看看啊，看要什麼啊。」店裡更顯得肅穆難以接近。

但那麵香，太乾淨純粹了啊。我腳步停在略低兩階的門口，貪心地呼啊呼地猛吸著店裡微弱卻怡人的麵粉清香。啊，我看起來一定很可疑。

捲動的製麵機，製出整床整床米白的棉被，噢，是麵團。麵粉並沒有在空氣中飛舞，但牆一面雪白，製麵機本人也是淺淺的米黃色。整座製麵店籠罩在淡淡的麵粉色調中，宛如薄薄積著雪。

我右手插在右肩的托特包裡，捏著裡頭的手機，超想拿出來拍遍這些吸引我的老式機台、膨彈的棉被（就說是麵團了），和整鋪子單純卻美麗的麵條卷們。但太認真專注的老闆、老闆娘，有種讓我不敢造次的氣勢。

那就買點什麼好了。

我並不怎麼愛吃麵，從小就是個飯人。有海苔、納豆、泡菜還是醬油，就可以解決掉一碗熱白飯。所以走進麵店好尷尬，不知道要亂買哪一種麵條。

啊，是餃子皮耶。偏黃偏灰，並不柔潔雪白的餃子皮，只有表面有手粉撒過的白色降雪。但看起來超有彈性，唇齒之間幾乎已經感受到它的潤彈了。來買半斤吧。

我非常喜歡，也珍惜這家麵店餃皮的素雅香氣。總覺得要找搭調的餡來襯托它。

傳統台灣味餃子，有一種是包香菇、蝦米、豬肉拌醬油、麻油的餡，噴香豐厚，我其實是非常喜歡的。但這麼清新脫俗的麵店裡，傳統樸實的餃子皮，我想要，茴香餃子調鹽，都不要沾任何醬味。

茴香很妙，一點都不是我從小熟悉的傳統台灣味，但長大一吃就入迷了。看上去嬌弱，氣味卻很野。鮮綠細嫩得一臉純真，有飆高的清新草香，但也帶烈香，放多了夠嗆，簡直驍勇。拌豬肉，拌鹽，頂多偷加一點魚露作為勾鮮的隱味，這樣就夠了，別沾什麼醬。燙煮起來，熱滾滾的，卻一鍋鮮雅柔甜，很仙。那騰騰熱氣根本是來為茴香餃子的仙氣飄飄做效果的。

餃子皮果然香Q，茴香的勁道呼應得蠻剛好。也想過做芹菜豬肉餃子，應該很不錯，啊，但芹菜清鮮優雅卻不烈，那可能得挑比這家更薄、更輕柔一點的餃子皮，會更適合。

專程為這家素雅安靜的製麵店的餃子皮，做了一鍋茴香餃子，滿足吃完以後想起，不對啊，結果剛剛還是沒有拍到照欸。

〔茴香餃子〕

你有多久沒捏餃子了呢？很好玩也很上癮的。吃了幾回茴香餃子以後，我染上了一種病，除了看到新鮮茴香，手就自動捏捏捏空氣餃子的強迫症，還有看到市場上獨特的香草，就自動盤算能不能做成餃子的，嚴重幻覺症狀。

茴香一把、豬絞肉（細）300 克、鹽、魚露、餃子皮

1 將茴香洗淨、瀝乾，切成一公分的短段。

2 豬絞肉放入攪拌大盆，略為攪打後，在盆內壓平成約一公分厚。均勻撒上鹽，直到每一處都有薄薄的鹽後翻攪均勻。

3 燒一鍋熱水，待滾後丟一小團絞肉，煮熟後試試鹹淡，再依此調整盆內絞肉的鹹度。可以留一點調味空間，最後加入魚露作為隱味，分量大約是在鋪平成一公分的絞肉表面均勻抹上一層魚露。

我有時候都直接吃生肉試鹹淡，好孩子不要學。（那幹嘛寫出來？）

4 鹹度調整適當後，在絞肉上鋪滿茴香，攪拌均勻。視自己喜歡的程度調整茴香分量。

5 在餃子皮的邊緣抹一圈水，將一湯匙肉餡放中央，略微對折不壓。然後從最右邊開始，右手拇指與中指前後執皮，用右手食指往中間壓出皺摺，左手跟上，壓平黏好餃皮。右手食指與拇指繼續往左製造出皺摺，左手繼續跟上，壓平黏好餃皮，折大約六折左右完成。（這實在太難描述了，歡迎用自己喜歡的方式黏好餃皮。）

6 起滾水，煮七分鐘左右，餃子就完成囉。

剩下的茴香，大概會有很多人想炒蛋。啊，不，請容我推薦您熱炒豬肉片或羊肉片。然後，還有還有，下次也可以試試看包酸豇豆豬肉餡餃子。

搭訕的技巧

和咖啡店的超帥吧檯手，或酒吧裡俐落的 bartender 比起來，我最喜歡搭訕的，是市場裡，賣著我所喜歡獨特食材的，阿伯們。

在一座陌生的市場，想要和阿伯打好關係，讓他記住我，有幾招用不膩的搭訕小技巧。寫出來當然令人（我自己）臉紅害羞，但有一兩位朋友半信半疑地拿來用了，居然跟我說，沒那麼怕上傳統市場了，開始喜歡上市場了。我實在太開心了。所以還是，寫著看看有沒有人用得上好了。

和陌生攤上阿伯交手的第一回合，我通常會鎖定一樣我喜歡的菜，瀟灑爽朗地問：「怎麼賣？」當然，能用台語最好。然後毫不猶豫，他一說完，立刻買下一斤，之類的。大部分的老闆都喜歡這種客人，不囉唆，馬上成交。

有時我比較愛賣弄，哈哈，看中攤上有一點少見的食材，很喜歡，或者名稱有特別的台語唸法，我就會很故意地唸出那名字問：「劍菜安奈賣？」或是「那把小金英多少？」有時候這招蠻容易奏效的，阿伯即使忙得不得了，也會特地轉過來瞅我一眼。哎呀，上鉤了。

「哎呦，妳知道這種菜喔」，或是「美賣喔（台語：不錯喔），看妳沒幾歲（誤會，我小孩都那麼大了），妳還知道這個叫什麼喔」，又或者「這個，妳知道怎麼煮嗎」。和阿伯的家常聊天，就很自然開始了。當然也包括阿姨或者年輕的攤主啦。

什麼？你問我怎麼知道小金英這種特別的顧肝草藥嗎？不好意思，剛剛在上一個路口，有人在賣，我看它漂亮可愛，就湊上前去問：「這是什麼？」他毫無保留地告訴我了。我實在是，現學現「買」而已。看到了應該會對味的陌生攤子，以後想要常常來，但現在還跟阿伯不熟，立刻搬出剛剛才學到的名字，上前搭訕。是不是有點壞？對，怎麼可以這樣？但，這招好好用。

比較容易讓人誤會是個搭訕好方法的，是輕聲溫柔的問：「這個怎麼煮？」感覺好像可以跟攤主開始一段不錯的對話。但是呢，真正在市場，有兩種情況。一個是攤主其實沒有那麼深入研究料理，他們會隨口應答說：「這個菜嗎？炒蛋。」在場邊聽久了，我發現他們都用炒蛋來應付客人，哈哈哈。對話並沒有繼續下去很久。或者，攤主判斷這客人不太常做菜，以後未必會常來，有時在較大的批發市場或忙碌的市場，就稍微懶得理這樣的客人。

剛剛爽朗乾脆買一斤的搭訕法，還沒說完。最好是，連著幾天，每天都到同一攤，很乾脆地買，順便稱讚一下昨日買到的不錯吃，還要順道說：「明天再來找你。」相信我，老闆很快就記住你了。不管你往後常不常來，他已經沒這麼容易忘記你了。

欸，不是，這麼積極的搭訕阿伯，到底有什麼好處？

哎呀，真正聊開來了，熟起來了，他記住我了，往後我晚一點到市場，也會有我喜

歡的抱卵黃魚留著等我來。或者家附近市場比較容易被買光的豬肚、魚腸，我可以大搖大擺地拎走。難得有整副魚皮，或是漂亮的狗母梭，或者沒看過的魚啊菜的，他們都會耐心地教我、留著給我，太令人開心了。

不要辜負阿伯，把它們做成好吃的料理，然後一蹦一跳地跑去市場告訴他們我做出了什麼菜，多好吃，是我回報他們的溫柔。

線上市場

一整簍滿滿的蟹，啪地重重著地，白色的蟹肚亮涔涔的，一支支尖鉗朝天，抓抓揮舞。帶紺色的蝦頭，深胭脂紅的蝦身，飽滿彈跳。沒見過的大魚，直接躺在水泥地上，一排一排。

唔哇哇哇哇，這個也想、那個也想買來吃吃看。好饞。

喔，你以為我穿雨鞋在漁港跟別人一起競標？沒有，我穿睡衣在被窩裡滑手機。

我原以為疫情期間鎖在家裡，連要下樓收個郵件都很猶豫，逛市場是絕對無緣的了。而線上購物市集網站上，像標本的、凍過的魚鮮照片都去了背，平板無趣，種類也千篇一律，令人瞌睡。沒想到朋友開了一個群組連線宜蘭大溪漁港，傳來一張張照片、一段段影片，都是漁夫剛進港的、彈彈跳跳的收穫。在被窩遠端盯著手機裡的小畫面，銀亮、鮮白、豔紅紛出，都忍不住坐正起來，活動起手指頭，暴衝式地把看到的海鮮全部訂下來當晚餐。

怎麼鎖在家的時候，比過去更容易得手大溪漁港的美鮮漁獲啊？

宜蘭大溪漁港一直是我私心鍾愛的海鮮勝地，和基隆崁仔頂、新竹南寮等漁貨集散地比起來，這裡要啃要剝的甲殼類特別多，又出奇好吃。有長臂、堅殼卻柔軟鮮滴的角蝦，哦哦哦哦，太甜鮮了。國外來台開餐廳的主廚也經常被此嫩蝦擄獲，做成招牌菜。我曾不管路途遙遠，直接抱一箱保麗龍盒坐長途客運回家。還有大頭甜蝦、火燒蝦、白鬚蝦，一蝦一種甜。沿著大溪漁港拍賣市場外面的攤商逛，整公斤整公斤買，整公斤整公斤現場燙來吃，吃得我樂不可支。

車途一兩個小時，稱不上太遙遠。但像我這樣不會開車的人，搭車周折，大溪是一個比高雄還要難抵達的遠方。

然而此刻，難得手的葡萄蝦、牛角蟹，以前沒吃過的金花魚，都在我家門口臨時設的收件小櫃上頭，晶亮亮地躺著。簡直超現實。

肉肥滿型的牛角蟹，先蒸一隻直接塞嘴裡止饞。然後才能夠，好整以暇地把另外兩隻也蒸好、剔肉，沒有日本柚子就挖空幾只黃檸檬，把蟹肉放進檸檬盅裡再蒸四分鐘。噹啷，在家為自己上一道這樣清香鮮麗的懷石料理，足不出戶都開心。

葡萄蝦太壞了。彈涷涷根本生魚片等級的嫩肉，小心注意不要烤過頭。火香燎過的蝦殼，照樣炸射出華麗豔放的逼人香氣，滿屋子豔紅的烤蝦味。蝦頭裡的蝦黃璀璨，彈潤蝦身飽飽豐盈，只是烤兩尾來吃，我竟然已經身心都滿足了。

一週兩次，其實不只大溪漁港，我還有明蝦、石蚵、馬祖淡菜、新鮮章魚、黑毛、竹筴魚、白鯧、金鯧、九孔鮑可以選。餐餐都吃華麗海鮮這怎麼得了？嗯，但我吃了。

被疫情中特殊的海鮮直送服務給慣壞的我，該怎麼辦好呢？

〔柚蒸蟹盅〕

日本柚子（或黃檸檬、梅爾黃檸檬）**3 顆**
螃蟹（我用牛角蟹）**2 隻、櫻桃蘿蔔 2 顆**

1 先把日本柚子或黃檸檬的屁股削掉一點（不要削到檸檬果肉），讓它平站好，然後從上往下數約十分之一的高度，水平下刀，削掉上面成為「蓋子」。

2 打開蓋子，用小刀在檸檬果肉上劃十字，劃到底，分成四個象限，並沿著圓周劃刀。用湯匙分別將劃分好的四塊檸檬果肉挖出來備用。

3 牛角蟹洗淨，大火水滾後放入鍋中架子上蒸約五分鐘，略放涼，再把蟹肉仔細挖出來。（建議多蒸幾隻，邊挖邊吃，不然太折磨自己了。）

4 將蟹肉填入黃檸檬盅，填至九分滿，蓋上蓋子，一樣水滾後放入鍋中架子上蒸，約三到四分鐘。這時候取出，應該會檸檬香味滿滿。

5 用很尖的筷尖，把剛剛取出的檸檬果肉撥散。取一些水滴般的果肉放在蟹肉上，會有閃閃亮亮的點點酸味。

6 櫻桃蘿蔔用刨片器刨成薄片，放在蟹肉旁，讓一點點鮮辣的反差滋味陪襯蟹肉的溫柔甜味。

很厚工，但很好玩耶。偶爾試試看費工的料理，蠻有成就感的。

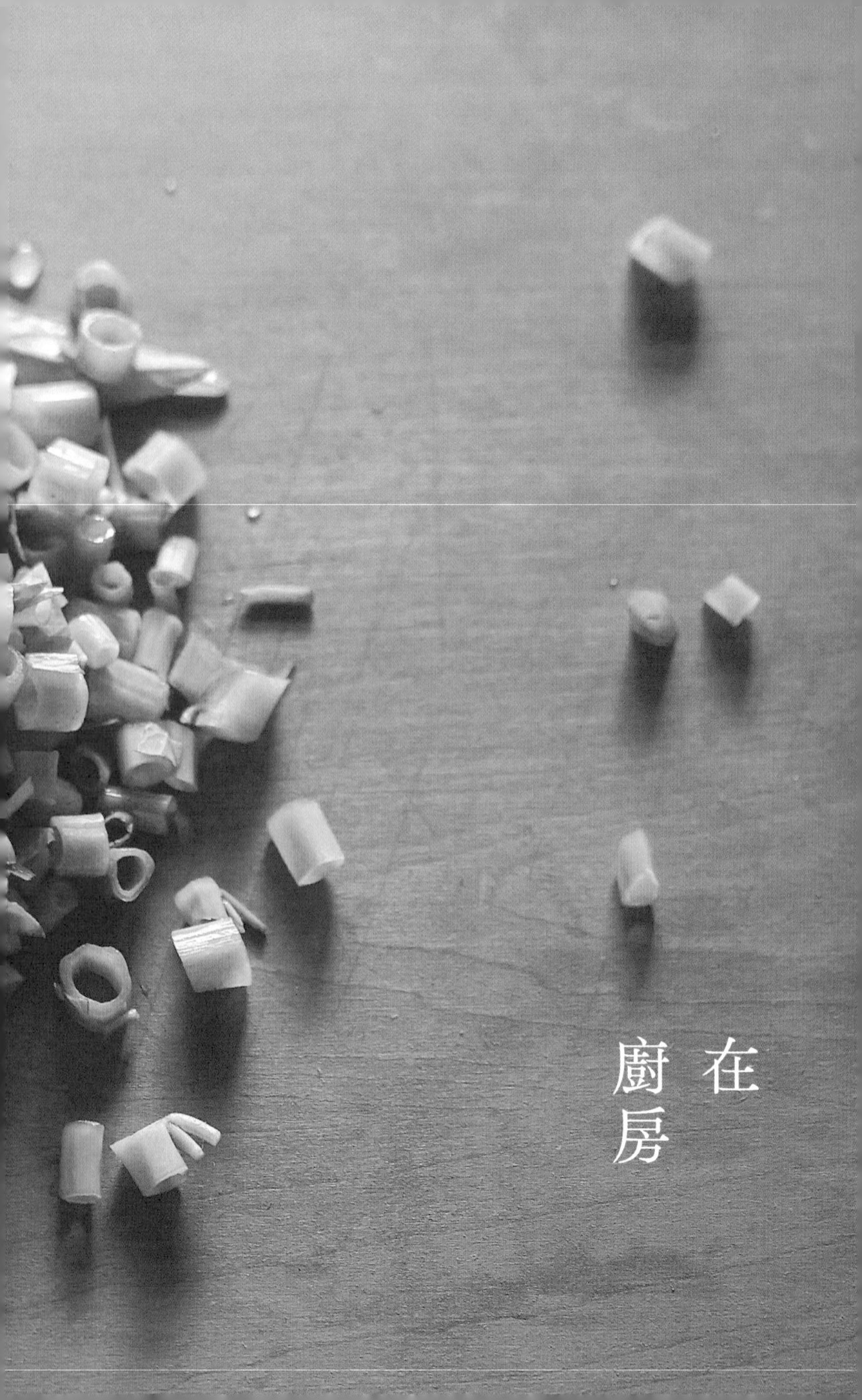

在廚房

我是偷吃大王

我是偷吃大王。

對，我就是指在廚房裡，因地利之便的那個特權。好整以暇、光明正大地拿副筷子，用試味道的名義，把剛炒好香得冒煙、剛烤好燙得酥脆的，大口吃掉。

包粽子時，偷吃剛滷好的肉，咦？不小心總共吃了三四五六塊。炒米粉時，偷吃炒到一半的香菇蝦米綜合配料。我近年不負責任的食譜上，常常很負責任地註明這些美妙時刻：此時宜偷吃。

因為偷吃的時候，最好吃。

熱氣還冒著時，呲牙裂嘴也不管的，硬要吃，最～香～了。這點道理連我家以前的吉娃娃都知道。

小時候媽滷牛腱，超香，濃醬氣味席捲整個廚房客廳書房陽台。所以熄火時，雖然還得再放著讓它入味，但誰要等那麼久啦？拿小刀把表面割幾口下來吃，是一定要的。哦哦哦哦哦，那一口剛沾到門牙（不能沾到嘴唇，因為太燙了）都還沒咬下去，醬濃味重，口水已經溢到唇外。

我家狗只吃現煮的，下一頓再熱過，她聞一下就哼地從鼻孔裡噴氣，表示不吃。（哪招？）

偷吃大王要推薦你的一道菜是，生菜蝦鬆。我近期太愛這道菜了，因為，每個步驟，都好適合偷吃。偷吃的味道，就是不一樣。

先張羅材料：蝦、生菜、豆薯或荸薺、蔥、油條。油條我大概不會自己炸，市場買來，或呼叫外送送來。所以當然是，油條買來，先偷咬幾口。快趁熱狠狠地咬下去，炸得酥中帶軟的濃香味，口裡跟鼻尖都泛起一團金黃色的香雲。

吃剩的（喂！）進烤箱再烤酥一點，有點老油條狀，就可以放進麻辣鍋裡面（喂！），噢噢，抱歉，是先放著備用。

來把蝦仁跟豆薯切好吧。我喜歡在這道菜裡面加豆薯勝過荸薺。豆薯溫柔，水分多些，沒有荸薺脆成那樣而且紮實。但我覺得，生菜蝦鬆裡夠爽脆的角色，讓生菜唰滋唰滋去表現，讓油條咔滋咔滋去帥，就夠了。想要一點水潤的口感，連接蝦仁的甘甜帶彈，豆薯是我心中比較理想的人選。

蝦仁炒香，再輪到豆薯一起炒香，鹽和胡椒下得比平常多一些些，等會兒即使包上了生菜，還是會很下飯。當然囉，怎麼知道鹽和胡椒下得夠不夠？快拿一根大湯匙舀了偷吃一大口滿滿的蝦仁丁和豆薯丁。嗯嗯（嘴巴塞滿沒辦法發出別的聲音），蝦仁好多好滿足，豆薯吸飽了蝦仁滲出的鹹香鮮味，好甜！趁餘溫拌上蔥花，嗯，再吃一勺好了。

美生菜一葉一葉剝好，用冷開水反覆沖乾淨，泡入冰水。再一片片取出，放進一只小圓盤，盤外的部分就用剪刀剪掉，留取圓盤大小的圓葉。裁下來脆而爽口的邊邊要幹嘛？當然是直接塞進嘴裡啊。哇，好青翠、好甘甜。

等到各料齊備：蝦仁豆薯、油條碎、生菜葉，都在瓷盤中放得美美的，我準備動勺，看起來無比優雅。當然啊，因為剛剛已經狼一樣地偷吃過了，眼神看起來沒那麼兇餓了。

哇，一口咬下鮮脆的美生菜，裡面是酥滋卡滋的油條、噴汁帶彈的蝦仁丁、吸飽鹹香甘甜的豆薯丁，尾韻是鮮亮的白胡椒香氣。

我好喜歡，生菜蝦鬆這道，一路偷吃各項材料過來，再全部搭在一起吃，層層不同的滋味口感。

哼哼，叫我大王。

〔生菜蝦鬆〕

忠實版本的生菜蝦鬆，有許多材料要準備。但是呢，其實只要蝦仁負責鹹香，豆薯負責脆甜，加入適量的白胡椒粉負責香辣，這道菜的魅力，就完全足夠了。

草蝦 12 尾、豆薯 1/4 個、蔥、生菜半顆、油條 2 段

1 蝦去殼去腸泥，切成立方狀就好，不要太碎。

2 豆薯去皮，切成一公分半的立方體。

3 油條買回來後，用小烤箱烤五分鐘烤酥，整條放著備用。

4 生菜洗乾淨，過冷開水，放進一只小圓盤，把超過圓盤邊緣的部分都剪掉。

剪下來的直接塞嘴巴吃掉。（咦）

5 在鍋裡加入超少量油，炒香蝦仁立方，接著加入豆薯立方，炒熟，到微微濕潤就可以用鹽和白胡椒調味，撒蔥末，起鍋。調味最好比平常重一點點，等等嚐起來才會剛好。

6 油條這時候才切碎，另盤裝著。

7 通通包起來就可以吃囉。

比想像中容易完成對不對？有許多朋友來家裡玩的時候，可以做這道菜，大家一起自己動手包，氣氛熱絡。

從艾維提斯的洗碗機，到天才廚師飯藏的溫水瓶

我和大部分喜歡烹飪的朋友們相比，是山頂洞人。

我沒有洗碗機，沒有調理機，沒有氣炸鍋，沒有舒肥機。沒有大同電鍋，沒有像樣的烤箱，就連保溫壺、微波爐、電磁爐，都沒有。

已知用火的程度，大約是燧人氏。每日要喝的水，就在瓦斯爐上，用水壺燒。要蒸個什麼，肉粽好了，就在炒菜鍋或大鍋上燒水，架上小架子，籠罩上鍋蓋，呼呼地炊。要氣炸鍋是沒有的，炭倒是常備。就說是燧人氏了吧。

燒水時的水壺通常裝得很滿，水滾的時候，壺蓋會微微扣囉扣囉地響，左右草裙舞。鍋上蒸煙很迷濛，很真實。我還蠻享受這樣的山頂洞生活。

朋友熱心，給我全雞，說烤箱先一百八十度……她還沒說要烤幾分鐘，我先苦笑說我家烤箱只有高火、中火、低火，控制時間的彈簧轉盤一次極限是十五分鐘，轉下去會「乖呀呀呀呀」地烏鴉叫。更不用說全雞只有雞頭進得去了。

但我仍舊熱衷於研究精確、科學、有趣的現代烹飪技巧，會用微量秤，給雞蛋磅體重，然後計算每一只雞蛋適合的溫泉水溫，和泡澡時間，以五秒或十秒為計量單位，來做溫泉蛋、溏心蛋，或者蛋沙拉三明治用的蛋，等等各種不同熟度。有一種燧人氏穿越來到廿一世紀的感覺。還不需要太多玩具，就玩得很開心的呢。

然而像低溫油封這樣，紮實又經典的烹飪法，需要用到烤箱和控溫，沒有這些東西的小原始人，做不做得到呢？

如果艾維．提斯都說可以的話，那一定是可以的。

艾維．提斯（Hervé This）就是世界上最早開始賣舒肥機的那位，最先實驗出分子料理，被稱作分子料理之父的法國人。

在祖宜的書裡*曾提到一小段，就是艾維跟祖宜說，他自己在家做溫泉蛋的時候，是用洗碗機做的。嗯，六十度的水溫，剛好一小時的時間長度，十分標準的舒肥程序。蛋裝在真空袋裡放進去，洗好碗後就能扣一聲敲開，端上一份溫泉蛋。（噢，那又要多洗一個碗。）

嗯，那低溫油封的話，差不多就是洗兩次碗左右。喂，醒醒吧，我家沒有洗碗機。

青少年時期愛看的漫畫《天才廚師飯藏》，則是用保溫瓶做溫軟綿滑的雞肝。像泡奶給小寶寶那樣設定在六十度水溫（書中好像是七十度），把雞肝丟進去。原來在那個年代，就可以用那麼新潮的現代烹飪技術，做一道昭和食堂的招牌菜耶。

很遺憾，我家連保溫瓶都沒有。

哎喲，喜歡吃的話，怎樣都做得到的。

低溫油封的魅力太迷人了。鴨腿內層已經到中式菜餚所說「酥」的程度，一絲絲、一縷縷的肉質，在唇齒落下時，層層打開。蒜啊香草的香味，與鴨帶野質的氣息，融合為一。

那麼燧人氏我是怎麼做油封料理的呢？

用電子鍋。

欸，剛剛又沒有提示說我家有電子鍋。哈哈哈，可以的話，我非常愛用鑄鐵鍋煮白飯，咻咻咻地十五分鐘就好了。但廚房窄小，兩口爐很忙。多半時候還是請電子鍋負責煮我們家的白飯。

比溫水壺差一點點，定溫刻度是沒有的。但來一鍋滾著小泡泡的油，裡面浸滿喜歡的鴨腿，或鴨胗，倒入內鍋，保溫鍵按下去，卻是可以很安心地去睡個美容覺，或看一本偵探小說後，再好整以暇地吃我的油封鴨腿，或油封鴨胗。

講完了？對，已經講完了。簡單到說出來沒有人不會。

於是雞肝可以奶滑奶滑，雞胗可以易嚼帶脆，溫泉蛋可以半透明如膠。

今後燧人氏還是會任性地堅持不去買真正的烤箱，在電子鍋裡找到愉快和滿足。

*參考飲食作家莊祖宜《其實大家都想做菜》一書中〈艾維提斯的完美雞蛋〉。

〔 油封雞胗 〕

油封料理真的太好吃了，我吃過一次就想油封 everything。

雞胗 10 副（我近期的新歡是桃園來的「竹地雞」雞胗，這種雞胗較大；或可以選用鴨胗，也是約 10 副；一般雞胗則可以用到 20 副）

鹽適量（約雞胗重量的 1-1.5%）**、大蒜 5-6 瓣**

乾月桂葉 4-5 片、葡萄籽油半鍋

1. 雞胗洗乾淨，用鹽、拍開去皮的大蒜、月桂葉略微搓揉入味，放進保鮮盒或保鮮袋，冰在冰箱一晚。
2. 隔日，準備一鍋可以充分蓋過雞胗的油，放入袋中的雞胗和大蒜，煮至油微微冒泡、將滾未滾，在大幅冒泡滾動之前熄火。
3. 整鍋倒入電子鍋中，可以放些月桂葉進去，按保溫，放兩小時，即可取出切片享用。

真是的，這個怎麼那麼涮嘴？不夠吃耶，一開始多做一些不就好了嗎？

雙面蕹菜

空心菜在我們家是珍饈。

更正確一點說，是「蕹菜骨」。是空心菜的梗喔。再～珍貴美味不過了。

母親會把溫泉空心菜那偏粗的梗，單獨整理出來，切大段，用烏醋滾煮。雖然原本青綠色圓嘟嘟的梗，盛盤之後，會扁塌折裂、會褐黃一片，但我看到時卻是眼睛一亮，口水情不自禁地流。

對啊，就是那些扁塌折裂的破口，會吸收好多酸甜的烏醋湯液。挾滿一筷子，入口先「噗咻」地大力吸吮一下，然後「唰吧、涮吧」地嚼著依然微脆的梗骨。最美妙的，大概就是邊嚼著的此刻，酸酸甜甜的湯液，又會從空心菜梗中迸出，我滿足卻不淑女地「咕唧咕唧」汲吞著。所以說，這三重層次的過癮感，非中心是空心的蕹菜骨莫屬。

母親傳授的祕訣，就是加了烏醋後，需要再加幾乎等量的糖入鍋。我頗訝異。因為菜裡吃起來的酸甘，感覺不到糖的甜氣。但若不加糖，滋味顯得相當薄，甘味也不明顯了。原來如此。

吃過許多有意思的蔬食料理，卻還沒有遇見什麼樣的蘿菜料理方式，能像母親這道，令我一想到就兩頰泉湧。

但這道，是專屬於她的料理。我撒嬌也好，傲嬌也罷，卻只想吃她做的。

回到自己的廚房，我料理空心菜，有自己「一加一」的度夏祕方。

入夏以後的沒有胃口，有兩種方法可以解脾開胃。一種是清淡涼爽，一種是鹹辣下飯。

說起來嘛，空心菜實在是一種脾氣很好的食材，無死角美女，上列兩種都合宜。淡著煮湯，鮮清味沁人心脾，很解暑。辣著炒肉，再配啤酒，過癮，過癮。

空心菜幾乎和什麼角色在一起，都能出演，和不同的醬料都能混得愉快，成為定番搭檔。比方說和豆腐乳醬汁燒成鹹甜是一種風姿，和沙茶牛肉爆炒又是另一種非它不可的絕配。

大概是從母親那邊繼承來的想法，我特別喜歡將空心菜變身為雙面嬌娃。菜一拿到手，直接分切成菜葉與菜骨。欸，實在沒有聽說人家什麼空心菜也在分切的啦。

但分開卻能收穫完全不同個性的滋味⋯⋯嫩香香的葉，融在清湯中，氣質高雅到不行。在別人家不怎麼受歡迎的菜梗嘛，就炒成偽蒼蠅頭，個性豔烈，野極了。真的可以變成完全不同的兩個人。

用清雅的海鮮直接當調味，是侍奉氣質高雅的空心菜葉的好方法。在燒滾的一鍋清水中，大把放入青綠鮮葉，然後在水再度滾之前，就投入吻仔魚。選白嫩的吻仔魚，甘雅微鹹，甚至連鹽都不必放，湯就清甜爽口。

有耐性的話，可以原鍋放至微涼，再當麻薏湯那樣涼涼的喝，身體裡的暑氣，都從背後沁出來了。

絞肉、薑蒜米和豆豉在鍋中煸香成肉臊子，就跟蘿菜骨特別搭調了。雖然蒼蠅頭跟四川當地菜色一點關係都沒有，其實可以不需要強求用當地道地調味料。但我想念成都，很想念，於是在這道菜裡面捨不得放台式醬油。必要的醬香和鹹味，就交給剁末的郫縣豆瓣和道地四川發酵芽菜，炒得好香好香，再拌入切成丁圈狀的空心菜梗，讓它吸收鹹香辣爽。超級，下飯，配酒。脆，又吸收了鹹辣霸氣，吃到好捨不得它消失喔。你說蘿菜骨，是不是真的是珍饈來著？

啤酒配著，湯也涼涼喝著，兩下子就忘記夏天在哪裡了。

〔蕹菜葉小魚湯〕

好像要燙青菜那樣的，燙入空心菜葉，然後將吻仔魚大把加入，結束。就是這麼簡單的菜。

我偏愛細嫩、鮮白、肉軟的「銀魚」，口感會比較柔滑。現在有機超市很容易買得到新鮮吻仔魚，如果是用新鮮的就要另行加鹽調味。吻仔魚的保育問題，討論一直沒停過，我也是掙扎不已。大家可以依自己的理念，決定是不是要加，或者，改用細滑嫩白的白肉魚，試試看。

空心菜一把、吻仔魚 2 兩

1 空心菜整把拿來，從中切開，分為空心菜葉與空心菜梗。

2 取空心菜葉，洗淨，切成三到五公分左右的長度。若是柔軟少梗的空心菜，菜葉可以切到五公分左右；若是梗多微粗，切到三公分左右，比較好入口。

3 取湯鍋，下四碗左右的水，燒滾。

關於水量，理想的目標，是原本就帶點鹹味的吻仔魚，放入之後，鹹度剛好，不需要加鹽，這樣的鮮度也最棒。若水燒得太多，等等不只鹹味，鮮味也淡了，可以斟酌看看。

湯鍋不需要很大，以免水過淺，不方便燙入菜葉，使得菜葉很快觸底。同理，也不能太小，以免放入菜葉時都擠到鍋緣去了。適當的鍋子大小，是放入切好的菜葉時，能自然沉入水面之下，不會擠在鍋底，也不會隆起在水面之上。

4 水大滾之際，放入菜葉，轉中小火。

5 再滾之際，放入吻仔魚，略微攪散，使之稍微均勻地分布在鍋中，但不需要太大力。

6 試湯，試菜葉鹹淡，如果覺得合口味，可以馬上熄火。若太淡，加點鹽至喜歡的鹹度，調勻熄火。

當然可以趁熱，大碗公盛了喝。但我喜歡放在小碗中，等稍微涼一些的時候品嚐，也很消暑。

〔 蕹菜骨肉臊子 〕

用肉臊子的香，甚至微微辣口，來帶出令人過癮的氣氛。好好利用蕹菜骨帶脆的口感，是這道菜的重點。

郫縣豆瓣 2 大匙、芽菜 1/4 包

（這兩樣食材可以在南門市場的南北貨攤位買到，

覺得麻煩的話，用台式豆豉跟新鮮紅辣椒也可以）

偏瘦豬絞肉約 200 克、空心菜半把

1 將一整把空心菜從中切開，取菜梗的部分，只需要半把左右的量就夠了。

2 空心菜梗切細。空心菜有粗梗與細梗，我會看空心部分的直徑有多大，然後將菜梗的長度切得跟直徑一樣，讓它切完看起來像一顆顆珠子。

3 郫縣豆瓣與芽菜（或者用台式濕豆豉與新鮮紅辣椒），剁細。
炒菜鍋中燒熱微量的油，油熱了之後，下郫縣豆瓣（或豆豉）炒出香味。

4 加入豬絞肉，與豆瓣拌炒均勻，慢慢炒至微焦黃。

5 加入切碎的芽菜（或新鮮紅辣椒末），中大火炒香。

6 加入空心菜梗末，快速翻炒，不需要等它熟透，只要和鍋中香辛的各種材料拌勻，就可以關火盛盤。

不需要炒很大一盤。通常我會炒一小盤，配啤酒享用，剛剛好下酒就夠了。

秋刀魚變溫柔了

想要把秋刀魚料理成一口可以吞掉的鬆軟，是一個突發奇想的願望。

如同香魚的出現，預告著盛夏；秋涼開始明顯的時候，好自然地，就想吃銀白色、亮閃閃的，秋刀魚。

印象中的秋刀魚，通常跟鬆軟沒有關係。用烤箱烤得皮焦黃、啪滋啪滋脆的季節小肥秋刀，甘潤。自助餐或便當店在鍋內「ㄘㄨㄚˊ」一聲帶炸帶煎過的秋刀魚，特別是靠近魚尾的細長地帶，硬香硬香。都令人嚼得捨不得，悠悠回甘。

然而當我吞著鬆甜綿柔的一整尾煮星鰻，好滿足好開心耶。軟呼呼的魚肉，膨澎地塞滿我頰間、喉間。細雅帶甜的香氣，從軟鬆得像拍過曬好棉被般的魚肉間隙，隨著蒸氣「呼啊～」地，溢散滿嘴。好像不需要利齒，乳牙長得迷你嫩小的幼兒也可以熱呼呼地把魚吞飽飽。

我只是想著，能不能把這季節裡油肥甘美的秋刀，也做得這麼幼兒級地受歡迎？能不能讓它擺脫總是被用老成的口氣介紹，說是大人的口味，只出現在大人的餐桌上？真希望讓它骨子裡的甜美也有機會出演，穿上雪紡紗擔綱文藝女主角。

劍及履及地取出在京都買的柳刃，一刀俐落劃開魚腹，啊，忍痛將秋刀魚最甘美苦潤的內臟給去掉。可惜啊可惜，下次再留著你們配酒啊。（喊話）

清去內臟後，再片成三枚，秋刀魚一下子平滑純潔起來。帶水藍色的魚刺尖兒，在魚肉裡，一閃一閃，漂亮極了。

但現在不是留著欣賞它的時候。藍色的星辰，得全數不留情面地，用鑷子拔掉。長長透明的細刺，一根根逐漸脫離魚身。

用指尖撫平剛剛因為拔刺而微微翹起的魚肉紋理，濡潤平滑的細長魚身，竟會讓人屏息感動耶。我摸著細緻的它好久，秋刀魚崎嶇老成的個性，暫時都不見了呢。

想要一口吞掉的話，捲起來飽飽一口塞，最棒了。

我用鹽與醋醃好了魚肉，然後當棉被一樣地替一小糰白飯裹上身。啊，飯糰看起來感覺很溫暖舒適的樣子。然後丟進買冰箱送的小烤箱，不花腦筋地烤香。對，聞到香味飄出來的時候，就剛好完成了。

秋刀魚的個性並沒有完全被丟棄。鹹甘的魚皮烤香之後，依舊帶著亮皮魚獨有的海潮氣味，鹽與醋帶出甘芳，香氣彷彿要把舌頭都融掉。嗯，秋刀魚還是一樣迷人，只是可能一向不屬於它的豐軟嫩滑，終於出現。我得以用龍貓小梅咧嘴般的幅度，極不淑女地超大一口，吞掉整尾秋刀入喉。嗯嗯，窩，齁齁嘶。（嘴巴太滿導致口齒不清中。）滿足滿足。

甜美型雪紡紗女主角終究沒有出現，秋刀魚還是要重重的鹹甘海潮感最好吃。但圓嘟嘟裹棉被的一口塞飯糰，倒真的是讓成人味的秋刀魚，逆齡變得可愛了。

在節氣寒露，願望達成。

〔秋刀魚飯糰〕

備齊耐心，一根根拔掉秋刀魚的刺，換來可以一口塞、滿嘴吞的快意，我覺得划算。

秋刀魚 2 條、鹽少許、醋少許、白飯 1 碗

1 秋刀魚去頭，左手拎著魚尾，右手用魚刀將魚肉與中骨分離。兩面處理好，得到四枚細長的魚清肉。

2 除去內臟，擦去血污，用鑷子將魚刺拔淨。（講得好像很輕鬆一樣。）一開始還不熟悉時，建議可以端去餐桌上，坐下來慢慢拔。

3 拔完刺的魚肉，兩面輕撒一點鹽，依照個人口味，淋約兩大匙左右的醋，漬一下。

4 白飯一碗，捏成四顆左右的球形飯糰。

5 魚肉包捲在飯糰外，入烤箱烤十分鐘。（我家是超小不可控溫的小烤箱，我的標準是烤到香味出來就可以了。）

6 檸檬切片，然後切成六等分，共六角。塞一角進每一顆飯糰上，吃的時候再用筷子擠上或直接啃。

一整排塞了檸檬角的秋刀魚飯糰，放在長盤上排排站，等等一口塞一個。（不要這樣，有點太大口了。）有沒有很有成就感？

雞湯關東煮

即使是冷氣開到最強的最強，在夏天，我也不做關東煮。原因很簡單，因為好吃的蘿蔔不知道哪裡買。

噯，什麼，你吃關東煮不吃蘿蔔？吃台式甜不辣第一個挑掉的就是蘿蔔？嘖嘖，蘿蔔不是應該是關東煮裡面最重要，最手拉著手負責把大家的味道都拉得和諧的那一位嗎？怎麼可以不喜歡呢？怎麼可以？

說得好像我沒有把關東煮的蘿蔔剩下來過一樣。對，有的實在是無味，只好偷偷剩下來沒錯。但不知道你有沒有試過，在家裡親手煮一鍋關東煮，一定不會把蘿蔔剩下來。尤其是，我跟你說，要愛上蘿蔔的話（到底誰會有這種願望），最好是做雞湯型鹽味關東煮。

冬天上市場的時候，看到一根根圓滾滾、肥嫩嫩，疊在一起，好像海豹趴在那裡似的雪白蘿蔔，忍不住就脫口嚷嚷：「好可愛啊。」一瞬間不禁撇開了羊肉爐、酸菜白肉鍋、螃蟹鍋等等冬日明星鍋物的極致誘惑，心意一口氣倒向了海豹鍋，啊，不是，是以白蘿蔔為主角的，關東煮。應該會幸福感滿點吧？

滿足地購入了大量白蘿蔔，把煩心的事丟到一邊，悠哉悠哉地為它們削皮、削角，做出一顆顆宛如巨大象棋子般的待煮蘿蔔球，對我有一種鎮靜的效用。

用熱呼呼冒著香氣的昆布柴魚高湯為底，混入了醬油、味醂，做出經典的關東煮湯頭後，我抱著期待，放入白蘿蔔、章魚腳、蒟蒻、豆包和竹輪，咕嘟咕嘟地煮好，然後撈了一大碗，滿心歡喜地端起大口吃下。

咦？不是啊，怎麼有種好普通的感覺？說好的幸福感呢？沒有哇。

真的太普通了啦，心中有種不滿足的悲傷。該怎麼說呢？水中浸好昆布、濾好將滾未滾的柴魚時，明明空氣中溢滿了高級的香氣，教人飄飄然的，說這股香氣是仙氣也不為過。但怎麼煮為醬味之後，仙女失魂，降為一般主婦，香氣平淡。期待中，昆布加蘿蔔應該有旨味加乘旨味，竟也意外地沒有效果。

很明顯，我怪罪於醬味壓低了原本的鮮味。但，即使是凡事都熱愛鹽味的我，心裡又很明白，僅僅靠昆布柴魚單薄的滋味，是撐不起關東煮湯頭來的。

心中的疑慮暫時丟著不管，直到好友來台北，指定要吃關東煮。她一說出她想要吃的鍋中料，才彷彿為我點了一盞明燈。

嗜吃雞的好友看了我的關東煮照片，指名說，再煮一鍋，但是，裡面要有雞翅腿。

蛤？（拉長音）我說妳那是什麼台式的吃法？哪有人關東煮裡面放雞翅的翅腿啦？

電腦螢幕上，從靜默的訊息隱約傳來一股期待。好啦好啦，我去買，我去買。

隨便到極點地在超市買了一盒六支的雞翅腿，拿回來實驗。為求湯底澄清，和白蘿蔔一樣，雞翅腿最好先另起一鍋燉，再加入關東煮鍋中，比較理想。

簡單汆過之後，我用約略蓋過六支雞翅腿左右的水量，小火煮了二十五分鐘，直到翅腿骨肉容易用牙齒分開，但又不致於太爛而失了形的程度。

哇，等等，不妙不妙不妙不妙（燦笑）。我一點鹽也未加，這雞翅湯頭，太鮮甜了吧！

索性將兩鍋先遣部隊：包括預先煮透的白蘿蔔，和預先燉過雞翅腿的兩鍋湯整併。煮出蘿蔔清甜的湯，再加上雞肉鮮甜融入的湯，兩者都柔和可人。蘿蔔和雞很搭調，而且清鮮至極，青春感十足。

怎麼說青春感十足呢？在傳統菜式當中，蘿蔔燉雞湯，似乎不如蘿蔔乾燉雞湯來得經典。其實我本來上市場，還有前陣子逛市集，都買了台灣各地不同產區的蘿蔔乾，想燉菜脯雞湯。但這一次，喝了大量新鮮蘿蔔與雞湯的W湯頭（就是雙重高湯湯頭的意思），完全打消了我燉菜脯雞湯的念頭。容我這樣形容：跟菜脯雞湯比起來，新鮮蘿蔔燉出來的味道，根本就是嫩妹的鮮滋味。

歪打正著的湯頭，嚐了之後令我信心火箭式大增。於是飛快地浸昆布，滾柴魚湯頭。這一次我有把握，將昆布柴魚這道日式經典湯底的仙氣，好好留住。靠的，就是我新認識的這位嫩妹了。

揉合昆布、柴魚、雞湯、蘿蔔湯的甘甜，然後鹽下足，勾引出鮮甜的風味。這鍋鹽味關東煮的湯底終於完成，太棒了。

湯料的話，除了要角白蘿蔔，同時 feature 嘉賓雞翅腿，再加入味鮮而淡雅的板豆腐，應該很不錯喔。魚丸魚板竹輪，其實都可以不必了。（結果最後還不是加了。）

這回吃起來甜甜相連到天邊，我心已滿足。

端給向我點雞的主考官，同時深富信心地，也帶上了傳統醬味味醂的關東煮。仙女一鍋，當然贏得了主考官給的高分。（欸，不是，根本也有用她最喜歡的雞翅腿作弊的成分在吧。）

在東京工作的朋友，看了我貼出的照片，淡淡地說，嗯，在東京，雞湯型關東煮，本來就很流行啊。是不會早說喔？

那就這樣吧，明天起，大家一起來做鹽味的雞湯關東煮，好嗎？

〔雞湯關東煮〕

想著要燉一鍋好喝的雞湯，加入柴魚和蘿蔔，自然就會得到一鍋跟海鮮類也超級搭調的關東煮湯底。這麼簡單，為什麼我以前就沒有想到呢？

柴魚片 20 克、昆布 1 截、蘿蔔 1-2 根、雞翅 6-8 支

自己喜愛的其他關東煮湯料

1 昆布泡在約 1000 毫升的冷水中一小時，然後開火煮至滾，放入柴魚片後就熄火放著。

昆布浸在水中就會慢慢釋出海潮鮮味，柴魚片也是為了能快速釋出滋味而刨成薄片，兩者都不需要久煮。

2 蘿蔔去皮，橫切成約五公分厚的圓塊狀。

3 用削皮刀將每個蘿蔔圓塊的直角削圓。

蘿蔔燉軟的過程中，邊邊角角容易燉爛，散在湯中，使湯有些混濁。雖然應該有許多人不是那麼介意，但是這個為蘿蔔削去稜角的過程很療癒，很好玩，削完的蘿蔔看起來好可愛，我非常推薦。

4 煮一鍋熱水，放入雞翅汆燙。水再次煮滾時撈起雞翅洗乾淨，鍋內的水倒掉不要。

雞翅可以選翅小腿就好，或者可以並用雞翅中、翅腿，總之就是有肉的兩節都可以。翅尖就不必了，用了可能會讓湯太油。如果完全不喜歡湯有油，就將雞皮都剝掉。不過留一點雞皮，煮起來蠻香的。

5 再裝一鍋水，放入雞翅，水大約蓋過雞翅一兩公分高即可。開中火煮滾，並持續滾二十至二十五分鐘，如果有浮沫要撈掉。

雞肉要燉軟，但不要過於軟爛；雞皮雞肉要保持完整。如果火太大要稍微調小，並加水，讓水面可以淹過全部的雞肉。

6 燉好的雞翅腿取出，嚐嚐雞湯的味道，加鹽調整到適口的鹹度。

加夠鹽之後，鮮味應該要足夠，否則要再加雞肉，煮到鮮味令自己滿意。

7 將雞湯和瀝掉柴魚昆布的清高湯，倒入大鍋中合併，再次試味道，調整至自己滿意的鹹度。

8 放入削好的白蘿蔔，燉十分鐘左右，至自己喜歡的軟度。

9 將蘿蔔取出，仔細撈去湯中的浮沫、碎屑和多餘的油，直到高湯看起來清澈乾淨。

10 蘿蔔依照自己喜好，可以再切對半或小塊，與雞翅腿及其他湯料備好。炸過的豆包，或比較油的貢丸等湯料，應該先用另一鍋水汆燙，去除多餘油分。蒟蒻或小顆魚丸可以先串好。

11 重新煮滾湯底，將湯料一一放入，稍微滾過即可。

12 準備一點點蔥花，或一點點味噌沾醬，都很搭。

業餘感美好味道

秋天對你來說，是什麼顏色的呢？我應該會毫不猶豫的說，黃色的。

是南瓜的橘黃色，是柿子果肉的橙黃色，是銀杏果子的透黃色，或是栗子的淡淡黃色……各種美味的黃色。但什麼也比不上，秋天的「膽固醇黃」。

膽固醇也有顏色的嗎？有的有的。你多瞥兩眼就要腦壓上升的，醇郁大閘蟹、紅蟳蟹黃，或者偷看兩眼就亢奮，肥軟新鮮烏魚子的，漂亮濃黃色。

有沒有覺得喉頭已經濃郁得發緊，兩頰忙碌地流口水？

這兩種帶禁忌感的美好滋味、美好食材，我不專業地在家亂做一陣後，真的很想說，和純熟的專業手法比起來，我竟然迷戀上了家庭業餘感的味道了，怎麼會這樣？

將大量蟹黃、蟹肉，完全沒有生意頭腦地，加入比較起來少得可憐的豆腐當中，做出根本失衡的蟹黃豆腐煲：蟹黃帶了點黏豔的甜味，在口中四處炸散，蟹肉鮮滿到，好像連鹽都不需要另外加了一樣。嗯，這種「失誤」，這種不專業，的確是隨便一個人都會輕易迷戀上的滋味，太容易想像了。

但烏魚子不專業的味道，又是怎麼回事？

啊，先試著丟兩條新鮮烏魚子到鍋中，鹽煎來吃看看吧。對，新鮮的那種。和深橘色到甚至暗紅的漬後熟成烏魚子比起來，它是黃澄澄、軟肥肥、滑溜溜的新鮮魚子。和台灣常見的魚卵沙拉用、緊實感魚卵切片比起來，新鮮魚子嚐起來，簡直是，鬆～綿～。

相對很細小的魚子，比較沒有嗶嗶啵啵的顆粒感，反而是滑、綿的。在包覆得不算太擠的密度下，帶著一點空氣感，煎起來吃是純然的香甜柔軟。飽滿的濃黃色澤，暗示著濃郁，也一點不失望地充滿口中。

在家試著鹽漬、風乾、曬實，等著熟成後，自製的烏魚子，也神奇地誕生了。

比較不專業的就是，才自製那麼幾條，我偷懶地，沒有用木板壓扁魚卵，沒有放上石頭等重物使其緊實。很怕一個弄不好，從繫繩處噴卵爆散。

但太有趣了。當我不抱希望地，將這樣的家庭烏魚子，用小小炭爐烤來吃，咦？新鮮時鹽煎來吃的鬆綿感，因為不經加壓，竟保留到熟成之後，也有相似的驚喜耶。

平時專業完美的烏魚子，那種黏潤密實如麥芽糖的「內餡」口感，如果烤得比較過頭了，就會太硬實，失去樂趣。但自製的不專業家庭烏魚子，卻外層鬆沙沙、內層濕香滑軟，不緊不實。微微的空氣感，穿過鹹郁濃醇的滋味，給舌尖一些舒緩空間時，那鹹香帶著韻致，反而更回甘舒服了。

喜歡淺嚐幾杯的朋友，也稱許這不專業的偷懶程序下，鬆香的質地，外頭買不到。

我開心得眼睛晶亮亮的。

是時候再來懶懶地做幾串了。

薬の酒なれば
取り上げ
がたき君の
元より

喜歡廚房裡寧靜的聲音

朋友問我做菜的時候都聽些什麼音樂，我說做菜的時候，我沒在聽欸。

洗碗前我會花時間編一份歌單，或是不用腦的讓近幾年我始終聽不膩的幾位歌手陪我。呃，對，我沒有很喜歡洗碗。要像準備山楂餅來配中藥那樣的心情，來準備一些喜歡的歌。

不過做菜的時候，我喜歡寧靜。

廚房裡的寧靜，並不是完全沒有聲音。而是那些細微動作所發出的自然聲響，讓人打從心底覺得好靜謐。

「唦啦唦啦、唦啦唦啦」，用手指尖輕輕浪動洗菜盆裡的生菜葉，然後「夏、夏、夏」，用網籃俐落地篩掉生菜葉上面的水分。

當我專注用鑷子拔著沙梭的魚刺時，燉魚骨高湯的小鍋內傳來細小的「闊囉闊囉」、「咕多咕多」聲響，會讓人對眼前繁瑣精巧的小手工，多了一份鎮靜的作用。這種作用幾乎就像是「蟬噪林逾靜，鳥鳴山更幽」，或是日本茶道聽松濤（水沸聲）靜心的那種寧靜。心裡真正平和。

細小的廚房聲音，常常把心間那些微皺的地方，都熨平了。而我不過是站在廚房裡準備一餐，就自然地得到了這種心靜。是不是連千利休都羨慕我了呢？

不過，「嗦囉、叭噠、咕多」這些聲響，並不只是安慰人心的松濤而已呢。正如茶道中傾聽煮水聲響來判斷水滾到什麼階段，是沖茶最佳時機一樣，細小的廚房聲音也暗示著我，等一下是不是能嚐到美味呢。

唰咻唰咻唰咻……如果我切著洋蔥，聲音利快輕揚，那麼刀應該還算利，眼睛也不痛。但如果一刀下去，喳吧。啊，刀該磨了，最近怎麼不太利了。下一個警惕是：哎呀呀呀呀，辣。我要大哭一場了。

如此切出來的洋蔥，也會在鍋中太快脫水，提早糊軟不脆了。

炸東西的時候更是。我耳朵全開，像兔子那樣豎起來。

鍋底的油紋，先給了我些理想油溫的暗示。但隨著雞丁下去「嗶啪啦、嗶啪啦」地響，啊，還是太早下鍋了點。如果是完美安詳，低聲「滋酥酥酥、酥酥酥唏」，就可以期待等等有外皮酥酥乾爽、內層粉嫩粉嫩的好味道。

當然，廚房裡的聲音不盡是些安靜可人，什麼拂過心間的風而已。雷響般的大震動，也在廚房上演。

涼冷想吃熱呼呼鍋物的冬日早晨，就是這樣的日子。

像降初雪的翌晨，拉開窗簾，看到地上潔白晶瑩的一片，會有「哇，好想捏雪球」的心情；現在難得比較冰涼的早晨，腳底碰到地板涼颼颼的觸感，我會心中閃過「哇，好想捏雞肉丸子」來煮熱鍋的念頭。

於是「兜兜兜兜兜兜、砰砰砰砰砰砰」的聲音，開始在廚房響起。我最喜歡手剁雞肉丸子了。

大切幾刀以後，用厚厚的中式菜刀「邦邦邦邦」，由右而左、由上至下，系統性將肉剁細。像犁田一樣按部就班，穩定地犁過幾番，用刀面「茲拉」幫他們翻身抹開，再重新慢慢犁過去。當「邦邦邦」變成「者者者」的聲音，肉泥想必已經綿軟光亮了。

你說這巨大聲響療癒嗎？那聲音是嚇人沒錯。有回我們八個人一起剁雞肉丸子，距離好遠的鄰居都打電話來關切。但獨自一人時，不是只有松濤一般的雅音，撩人心弦，剁雞肉丸子這樣穩定而有韻律的聲響，一樣會讓人好上癮。

然後鍋熱好了高湯，肉泥丸子「幾珠」一聲，從左手虎口冒出來，舀了下鍋。不一會兒，噗噗噗地討著要人掀鍋享用的溫柔韻律，不正是冬天最撒嬌、最美味的聲音了嗎？

﹝手剁雞肉丸子柚子胡椒鍋﹞

如果硬要我說，其實這道料理只要有柚子胡椒，什麼手剁手不剁，什麼起鍋的時機，都不重要了啦。柚子胡椒買來放進去就，好，好，吃。

去骨雞腿肉兩副（或雞胸肉一整副）

青江菜一把（或水菜，或小白菜，或茼蒿）

鹽少許、白胡椒少許、雞高湯、柚子胡椒 1 小匙

1 雞腿肉或雞胸肉去皮，先切成一公分左右的方丁。

有些人怕雞胸肉柴澀，喜歡用雞腿肉，我反而喜歡雞胸肉丸子鬆軟的口感。大家可以都試一次，察覺自己真正喜歡的是什麼樣的滋味。

2 將雞肉丁平均鋪平，組織成一片正方形，然後用中式菜刀由右而左、由上至下，垂直落在砧板上，均勻有韻律地將其斬細。

其實不是剁越大力越好，刀不用舉很高，離砧板很近也沒關係，任刀的重量自然落在砧板上也就足夠了。穩定、細密的剁切，才是剁細剁綿的關鍵。

3 正面剁完，用刀面幫他們翻身，翻到反面繼續剁，來回反覆，剁到肉泥綿軟光亮，即可整理放入調理盆中。

如果一開始就是買雞絞肉，那麼就從下個步驟開始。

4 將肉泥均勻壓扁鋪在盆中，厚度大約一公分，撒上鹽和白胡椒粉，讓每一寸肉泥表面，都平均沾有鹽和白胡椒粉。

這是我平常的小習慣，無論什麼分量的絞肉，都可以這樣調味。肉泥的厚度壓平到一致，每次都記住自己下鹽的密度，慢慢調整、累積經驗，久了就容易輕鬆得到你平時喜歡的鹹度。調味到覺得合適的程度，捏一小丸到滾水中煮來試鹹淡，當然也可以放生肉在嘴裡嚐嚐，覺得合適再吐掉。

5 順著同方向攪拌肉泥，攪到有點出絲的狀態。

單純用手可能沒辦法攪打到多麼Q彈，但加了一點鹽，可以讓肉泥有些出筋，還是會蠻彈潤的，所以攪打之前一定要先加鹽。（我自己沒有特別喜歡加蛋白或太白粉，但大家也可以加一點試試看無妨。）

6 將雞高湯煮滾，放入青江菜，雞肉泥一小丸、一小丸放下去汆熟。

7 最後，舀一匙柚子胡椒放在湯上，讓它慢慢融化著吃。

動手試過了嗎？柚子胡椒是不是很威？

雖然傲嬌，
剝蝦的話一定得親自來

「葡萄蝦、角蝦、甜蝦，要哪一種？」海產攤老闆沒什麼誠意地嘟噥著，把蝦名含在兩頰後側，不太容易聽懂。但我已經來太多次，而且答案卡都已經塗好了，還是假惺惺地問旁邊的人說：「你要哪一種？」

旁邊的人臉皮厚得跟吐司一樣地說：「不用剝的那一種。」我瞪他一眼然後轉頭說：「都來！」

哼，這種手無剝蝦之力的人算什麼。不過呢，我平時懶散、賴皮，伸手就是要人照顧，脾氣又很難伺候，不容易欺負，唯一一件隨隨便便就能讓我服的勞務，就是剝蝦。

剝蝦真有種痛快感。不不，不只是痛快感，剝蝦這件事，本身就美味無窮。

特別愛吃的人，都會眼睛晶亮亮地自願剝蝦。嚐過幾次手指尖上吮起來的甜滋味，順便把膏濃黃肥的蝦頭，抽稅抽走，本來不喜歡剝蝦的人，也突然喜歡剝蝦了。

尤其是這種蝦子成山、鮮度自信爆棚的海產攤，幾乎都是清燙一下、清烤一下就端來。拜託在這裡一定要搶著剝蝦。剛燙好的蝦雖然燙手，但甜帶鮮的汁水湧動；蝦頭熱氣騰騰，但蝦膏蝦黃也正醇郁豐潤。甜水不落外人指，此刻剝開，分不了別人，只有剝蝦的那位能滿滿自擁蝦頭精華，與滿指尖的甜潤。

只是，我大部分朋友剝剛燙好的蝦時，啪一下就先把蝦頭從連接蝦身處扭斷。如果不喜歡吸吮蝦頭就算了，如果真喜歡蝦膏蝦黃濃豔帶媚勁的甜味，甚至有一股鮮烈感的人，可以試試看這樣剝：左手捏著蝦身，右手扶著蝦頭與蝦身連接處的頭殼尾端，然後，好，右手往右往上，把頭殼翻起來，對，向著嘴尖鬍鬚那個方向掀起來。頭殼並不是完全閉鎖的，這一掀，就剝離了。你的右手會得到一枚近乎透明的蝦頭殼，啊，可以不用理它了。重點是左手捏著的蝦身前方，黃澄澄的蝦膏，正如寶藏出土一樣，閃亮亮，完整地暴露在你眼前。

低頭一口吸吮掉甜美豔麗的蝦膏吧，像給愛人一個熱吻。

這種剝法，比扭下蝦頭後再滋滋地食蟻獸式吸吮，要有效率、直接、熱情得多。大概可以取名為法式長吻吧。（並沒有要取名。）

剛剛說的葡萄蝦、炒胡椒蝦常見的泰國蝦，蝦頭裡經常滿是橘紅。尤其是胡椒蝦，紅醇一片，但微硬，平時吸不出來，用這樣的剝法就能一口咬下，痛快地嚼嚼嚼，香濃得很。痛吃了十來尾，啊，好愛剝蝦。

那如果手裡的不是燙好的蝦，是生蝦呢？

嗯，用不著吮蝦膏。結果你啪一下又從頭那邊把它扭斷了。

別急，別急，別這麼心狠手辣嘛。生蝦通常在去殼、剝成蝦仁時，有一個很重要的步驟，就是去腸泥。最直白了當的方式，就是拿刀開背，分紅海一樣地分開蝦背，腸泥自然無所遁形，很容易拿掉。

但跟將太的壽司一樣，他做了彎彎的蝦壽司，就是連串直蝦子的竹籤痕都不想要留在蝦身上，免得甜汁偷偷從小洞小口溜走了。開了背的蝦，就比較難像海產攤燙好的蝦那樣，甜潤得滴出汁。

那不開背要怎麼去腸泥啦？小時候媽媽都教我用牙籤，從蝦背一節一節之間的縫隙穿入，咻地拉出來。不，連那樣的牙籤洞都不想要有，只想要百分之百滿格的蝦甜味呢？

一分鐘前我就說過了，剝蝦時不要那麼心狠手辣就行了。腸泥是從蝦頭延伸到蝦尾去的，所以把蝦頭左邊折一點點、右邊折一點點，輕輕地，確定頭鬆動了，但腸泥還連接著，再取一個巧勁，把四周圍已經斷開的蝦頭，像火車頭那樣向前開走。蝦身車廂還在你左手上，但長長的腸泥會跟著火車頭，順順地被帶出來，蝦身也完璧無痕。

一口氣拖出腸泥不是很療癒嗎？好有成就感的。我甚至在一堂茶泡飯的課上，逼大家跟著我這樣剝，哈哈哈。

我對剝蝦真的很上癮，喜歡剝蝦的韻律感。一旦在那個節奏上了，別人的蝦也巴不得都搶過來剝光。

所以喜歡吃蝦卻手無剝蝦之力的話，請帶上我。不，說了這麼多，想想那燙好的蝦，鮮甜汁液在十指間竄流的美味，蝦膏一口吮下的美味……請把這些癮頭搶下來自己享受。

〔蝦仁髒蛋〕

為什麼叫蝦仁髒蛋呢？因為仔仔細細剝好的蝦殼、蝦尾、蝦頭，對這道菜有奇效。把蝦殼們都用油炒香，特別是在鍋子裡壓一壓蝦頭，滲出蝦膏，雖然油看起來會有些髒髒的，但太香了，趕快倒入蛋汁，將它們快樂收服。

蝦 12 尾、雞蛋 2 顆、鹽

1 一邊享受剝蝦殼的樂趣，一邊把蝦剝好，蝦仁備用，所有的殼也保留好。

2 瀝乾所有蝦頭蝦殼，放入乾鍋中，炒去水分。
原鍋加入五大匙油，中小火慢慢將蝦殼炒香，至蝦殼略微泛白、蝦腳酥脆。也可用鍋鏟略壓蝦頭，使蝦膏釋出。（我喜歡在這個階段就對鍋子裡的蝦殼撒鹽，然後痛快偷吃。）

這裡加的油蠻多的，是因為蝦殼會吸收一部分的油。但等等用不鏽鋼鍋煎蛋時，油也不能太少，因此得看家裡鍋子的特性，油慢慢加，讓炒完蝦殼之後，鍋中留下的油量合適煎蛋就可以了。

3 將所有蝦殼瀝出，留鍋中油，中小火燒熱後，先將蝦仁兩面煎過，直到將熟未熟的狀態，蝦子呈現大 C 狀。注意不要煎到過熟。
這時候要撒鹽，幫蝦仁調一下味。如果剛剛鍋中有撒過鹽，油當中已有一點鹹度，這裡要特別注意調味的鹽量哦。

4 取出蝦仁，再把鍋子燒熱，將兩顆蛋打散倒入，略用鍋鏟擦鍋底攪拌，使蛋液起皺、融合，繼續煎膨。

同樣地，若剛剛尚未調味，這時要給蛋加一點鹽；如果剛剛已調過味，在放鹽時請斟酌一下。

5 放入剛剛炒過的蝦仁，使其融入將熟未熟的蛋液，一起煎至自己喜歡的熟度即可起鍋。

我非常非常常做這道菜，把炒出香氣的蝦殼拿來燉湯，就是《秋刀魚一條半》裡面，酸蝦米粉的湯頭啦。

蛋的救贖

越是吃不到的時候，越是，好想吃啊。有一陣子，整個北部都缺蛋。蛋突然變得珍貴難尋。但是一定是這樣的：市場買不到蛋的時候，就特別想吃蛋料理。

蛋的料理太多了，我喜歡蛋沙拉三明治、蘇格蘭蛋，家常一點的像是蝦仁炒蛋，奇巧一點的，就屬劉枋《吃的藝術》裡，劈里啪啦連寫十幾二十道的各種蛋料理，最開眼界了。

劉枋是台灣六〇年代《中華日報》的美食專欄作家。知道我喜歡奇奇特特的料理，一位前輩買了她的舊書寄來給我。果真把我看得一愣一愣的。

六〇年代時，台灣聚集了許多來自山東、湖南、四川各地的人。當時有許多道地的口味，還在餐廳、家戶之間盛行。現在看劉枋筆下談起來稀鬆平常的菜色，菊花火鍋啦、一窩絲啦，到了我們這個年代的台灣小孩，根本聽都沒聽過，就當天方夜譚一樣的捧著書讀。

溜黃菜是一個。就是大量的豬油炒純蛋黃，蛋打了水，配一些些鮮嫩豌豆粒、荸薺末，滑炒起來吃。豆苗雞糕、豬肝糕是一個。剛剛剩下的蛋白們，加上雞蓉，蒸成蒸蛋，配雞湯和豆苗，就是豆苗雞糕。若是蛋白加刮細的豬肝泥蒸成羹，就是豬肝糕。

聽起來太流口水了。我不禁立刻照著書養（我這隻）（流著口水的）豬。

溜黃菜不難，翻炒的動作敏捷而確實，離火時機抓準，純蛋黃用重油烘起來，真是香豔。真的是香豔，雖然不見焦褐，但濃重的油脂煎香氣味，卻霸香迸郁地藏在滑嫩的蛋皺摺中。呼嘩呼嘩地趁熱趁稠濃豐潤入口，會一不小心連舌頭一起吞下去。

豬肝糕比較不好拿捏。類似於台菜裡的肝炖，豬肝要過篩篩細了之後，與雞湯、蛋白均勻混合，然後小心地用溫火蒸到嫩滑，表面不出孔，豬肝不渣，彈彈凍凍的，就讓我來回試做了幾次。但好甘滑耶，雞湯與肝醬的鮮美，蒸在蛋裡，好療癒人心。

真的，蛋就是，療癒人心的，不可缺少的小東西。

都不要說這些奇巧費工的料理，我問起朋友，現在，對，就是此刻，想吃什麼蛋料理？她一面手撕烤雞，一面隨口朗誦：醬油煎蛋、泡麵加蛋……「還有生蛋拌飯！」我也補充。烤雞算什麼，啊，那些鄉愁畫面一湧現，口水立刻不爭氣地流下來。

怎麼會沒想到醬油煎蛋呢？父親的蕾絲蛋就是一絕啊。他會用稍多的油，燒熱，側著炒鍋的一邊，把蛋打入，「呲～嘩啦嘩啦」的聲音，蛋白周圍應聲起泡，煎酥成蕾絲狀的焦香，蛋黃依舊無辜滑嫩地維持著半生的狀態。起鍋，潑上醬油，帶甜帶甘的醬油立刻竄入蕾絲的每一個隙縫。咔滋咔滋地啃著酥脆的蛋白邊緣，然後糊滑滑的蛋黃滋一下地融化在嘴裡。這大概是每個台灣小孩早餐時刻的鄉愁。

不過此刻，我的心卻飄去土耳其的早餐時刻。

十多年前，橫越一半的土耳其，啟程回伊斯坦堡的途中，口袋現金幾乎沒剩，在小城鎮看著陶罐燉羊等等小吃吞口水，卻沒鈔票買，精神上餓得快靈肉分離。好不容易某晨捱到比較大的城市，塞爾柱克，掏出信用卡，「快點端出些什麼讓我們大快朵頤啊。」但那時候是早上，餐廳沒什麼大菜，就是早餐。

根本沒關係，我們得到兩只鐵鍋盛來的土耳其式臘腸蛋：臘腸在鐵鍋裡煎酥煎香，油脂滋滋，打兩顆蛋上去直接出鍋。太棒了，那臘腸的氣味和蛋的甘甜，都溶到我飢腸轆轆的靈魂裡去了。得救了。

我用蛋荒裡珍貴的兩顆蛋，做了一鍋土耳其臘腸蛋，此刻也好滿足。

雞胗情何以堪

想像一個畫面：受歡迎的電影或電視劇演員，一個個穿著筆挺，列隊迎面走來。男女主角做足了準備，要接受粉絲和媒體海浪式的包圍與擁戴，結果距離拉近時，大家奔向的不是男一女一，卻是負責甘草人物的那位演員。他的人氣太旺，以致於簽名照還是什麼的，一下被索取一空。登愣。

在我的餐桌上，青椒與薑絲，就是這樣的演員。

無論我事前怎樣多抓了分量，青椒炒了牛柳、薑絲炒了雞胗，才剛端回餐桌坐下來，奇怪，明明用了上好的牛肩胛肉、當日的鮮美雞胗，但是怎麼青椒已經馬上沒了，牛柳還剩在那邊。薑絲，也已經被我自己清空，連最細小的那幾根，也全被翻出來消滅了。

青椒再怎樣說，不能說是甘草人物而已，應該是最重要的配角。但是薑絲呢？有人這樣吃了又吃，吃了又吃，整大盤的薑絲都吃完了，才輪到雞胗，或雞腿丁嗎？噢，有時候跟薑絲搭配，照樣遭受冷落的，還是那無辜的牛肉絲。

是不是只有我有這種症頭？

欸，我發現不是耶。每回我上濱江市場，去專賣薑蒜的攤位，挑了最漂亮的嫩薑來炒雞胗，滿口說著最愛內臟、最愛內臟的那些傢伙，筷子一伸過來，一開始或許是不小心挾到了幾縷薑絲，接下來就停不下來地一直朝薑絲進攻，直到全部吃完為止。怎麼了，大家？

「欸，脆得好像筍絲一樣。」「欸，吸了鹹鹹香香的汁，比雞胗還好吃。」喂喂，這樣雞胗情何以堪？

要不是有那雞胗，在熱鍋快炒中，汩汩湧出比腿肉更鮮醇甘洌的肉汁，滋潤在一根根薑絲中間，帶來飽滿鹹甘的過癮滋味，哪輪得到薑絲這樣人氣盛旺，搶過自己鋒頭。咦？此刻該不會變成是雞胗在給薑絲提味，幫襯它的鮮美好滋味？

嗯，對啊（燦笑）。牛肉絲啊，雞腿丁啊，各種甘美的華麗主角，都好適合，拿來陪襯鮮脆脆的薑絲。

等等，薑就不華麗嗎？薑很美的呢。如果家附近的超市，只有看起來可憐巴巴的薑，像皇上挑剩，已經年華老去的宮女，又還沒鍛鍊成心狠手辣的老薑，那麼就跑一趟傳統市場吧。特別是像濱江這樣批發型的市場。薑山薑海，頭上帶粉、身軀膨潤、膚若美人腿的嫩薑，真會看得人兩眼發直。挑的時候萬一粗枝大葉了些，指甲劃到它一下，它細皮嫩肉的，就破皮噴汁給你看。買了這樣的薑回家，真的會讓傳統菜色裡氣焰囂張的男女主角失色。

從來只有你等美人，沒有美人等你這回事。鮮嫩帶粉的嫩薑迎回家，就跟蛤蜊、活蝦一樣不能怠慢。當天買的，當天烹煮，爽脆如筍，鮮味先出來，然後才是高雅的辣味，真的會讓人入迷改觀耶。此後絕對讓你捧在手心，哪敢把它隨便放在廚房的角落。

炒薑絲什麼什麼的時候，我喜歡用鹽麴調味。醬味太重時，會掩蓋了部分我喜歡的肉汁本身的甘美。鹽麴的鮮味介於鹽味和醬味之間，比鹽味多了甘甜、發酵的美味，卻沒有醬味太威武霸道的缺點。比較淡雅的雞肉，或雞胗的甘美，有被提點增鮮的效果，湧入縷縷薑絲之間。

很下飯好吃。

我們是什麼時候
變成大人的呢？

我們是什麼時候變成大人的呢？

可能是放下失戀黑暗的那一天，也可能是勇於承擔責任的那一天。嗯，我的那一天沒那麼複雜，記得好清楚，變成大人，是把茄子和苦瓜放在嘴裡的時候。（笑）

哎呦喂呀，茄子是好奇怪的生物，你不覺得嗎？怎麼會有人的皮，總是嚓嚓嚓地卡在門牙間摩擦，好不舒服，像薄而廉價的塑膠袋，裡面卻是爛糊糊又沒味道的一片。到底為什麼吃它呢？

苦瓜不用說了，那麼苦。這兩樣出現在便當裡，都先塞到飯最下面藏起來再說。是因為人生出現更苦、更不好嚼、更沒味道的事了嗎？某一天，我戲劇性地開始喜歡上茄子了，怎麼那麼神奇？

那是大二的時候，和系上的同學一起去校門後面的清粥小菜街，吃午餐。那時候大家都節省，總是一起點菜，一起分食。高個兒的朋友，手長腳長地先幫大家選菜，長夾一伸，就往魚香茄子那一盤去。

「欸，我不吃那個，不要夾那個。」我趕緊出聲喝止她。她用誇張的慢動作回頭看我，然後跟旁邊愛捉弄我的男生們使個眼色，說：「不吃嗎？好，那今天全部夾這個。」男生們跟著大笑起鬨。

真的整盤給我夾了一山高的魚香茄子，餓壞的我簡直要掉淚。就在壞朋友（？）的要脅下，我夾了一小丁點，然後很快用大量的飯將它埋沒，看看能不能減低它可怕的口感。

欸？怎麼那麼軟香好吃？好入味喔，和鹹香帶辣滋味搭配的，是剛剛好軟糯易嚼的質地，嘛嘛嘛地可以連醬帶飯好大一口掃光。我誤會它了。它不是沒味道，不是爛糊，它是溫柔的，正好襯托鹹辣，是一位個性很好的搭檔。

整大盤陽明山一樣高的茄子，居然很快吃完了。

魚香茄子開道，我開始步上喜歡茄子的這條路。母親說不定心裡很氣，她告訴我炸茄盒好吃得要命（她很文雅，才不會這樣講話，但意思是這樣），但我從來不理她，非要被同學「霸凌」才願意嘗試。看吧？不是很好吃嗎？

母親的炸茄盒簡單樸素，就是切片沾蛋麵糊，炸到好像開花一樣膨膨的，沾蒜頭醬油吃。我喜歡四川式的，切厚片，中間劃一刀，夾進絞肉餡，沾蛋麵糊，一樣炸到開花，然後沾椒麻醬汁吃。不，如果絞肉下點鹽調味，其實就這麼素素淡淡地吃，炸麵衣的酥香，配茄子的軟糯，再進到絞肉的微微紮實口感，是好有層次好享受的，不用醬汁也很滿足。

就說茄子是個性很好的搭檔。我用魚罐頭，配一點辣醬，快速炒香青皮茄子段，茄子濃濃吸飽醬汁的鹹甜香辣，過癮，好下飯。但用清淡的醋，拌上一點點醬油和味醂，燙好茄子來涼拌，它又成為了雅緻溫柔的小菜。

嘗試看看以前沒有試過的搭配吧。我拿它來炒透抽，輔以鯷魚與蒜。炒了櫛瓜，香甜都能互相襯托。未知的可能性，不斷打開。

苦瓜是開始喜歡雞尾酒之後，突然明白的大人味。開胃酒 Negroni、Old Fashioned，裡面要是沒有一點苦味，整杯應該甜到會讓人頭皮發麻吧？甜美的排骨湯，顯得單調，若不是苦瓜的回甘，就不令人想念了。

我真的變成大人了嗎？或許吧。再用一點什麼，來炒一盤茄子吃好呢？配一杯 Negroni。

〔 鯷魚炒茄子 〕

茄子是合群的傢伙，你賦予它什麼夥伴，它就幫襯出和諧的滋味，人真好。有一天我只是隨便想到，好像蠻想炒一個鯷魚味的什麼，就把它和花枝配對在一起，好吃耶。果然人真好。

橄欖油 2 大匙、大蒜 3 瓣

鯷魚罐頭 1/2 罐、麻糬茄或胭脂茄 1/2 條、花枝 1/2 尾

（等一下，為什麼都是二分之一？因為這道菜最好是火力很旺、速速炒成，翻拌得非常徹底，最理想。如果家裡鍋夠大、火力夠旺，一整條都炒起來當然最棒）

1 花枝除去內臟，橫切成條。

2 茄子斜切成長橢圓形。

3 蒜切成末。

4 鍋內放橄欖油，燒熱，爆香蒜末，下鯷魚罐頭，推炒開來。

5 下茄子，慢慢燒軟。

6 最後加入花枝，快速翻炒到翻白，即可起鍋。

好下酒喔，這一道。

可以煮泡麵的話，
就能完成的夏日料理

多年前租屋住在雙連站附近，房間七坪。說小也不算很小，而且櫃子收納理想，我蠻喜歡。

缺點是沒有廚房，連一個稍微可以替代的地方都沒有哩。

我沒有烤箱，沒有電鍋，沒有電磁爐，沒有微波爐。但那時候因為辦信用卡獲得一個有點奇妙的贈品，是一個插電金屬鍋。金屬的部分很像韓式銅盤烤肉，但內凹是一個淺的圓底鍋，外面是一個灰灰的塑膠殼，反正插了電就會熱熱的，堪用。

那個鍋子最理想的就是煮壽喜燒。煮麵的話，就是兩人份要分兩次煮，才不會因為水太少煮成麵線糊。不過煮成麵線糊對那時候的我來說也蠻好吃的。

當然沒有冰箱。然後吃完壽喜燒如果很油膩，要拿蓮蓬頭在浴室的地上慢慢洗妥，還不能一下弄濕了插電的底座。不過，有壽喜燒鍋可以吃呢，也是過得很開心。

在那之後，我搬到一間一房一廳的山邊房子，依然沒有廚房。但有面向一整片雜林的滿滿綠意窗戶。雖然它不能打開，但我覺得面對著一整片綠，用電磁爐和單柄鍋，煮一鍋什麼都往裡面加的麵，就很幸福了。

相較於電鍋料理、微波爐料理、烤箱料理，我覺得我比較擅長的是單柄鍋料理。湯麵的話，就直接往鍋裡加些肉片，好多青菜，最後加顆蛋，蛋不要煮得太熟。乾麵的話，就煮妥了撈出來，拌XO醬，或沙茶醬，或芝麻醬和醬油。至今，早晨我仍會煮這樣的拌麵給小朋友吃。還算受歡迎。

體脂率高到我說出來沒有人贏得過我的中年時刻，噢，對，就是現在，澱粉類我已經吃得沒有那麼多。單柄鍋料理嘛，就發展到燙些海鮮、瘦里肌肉的階段。沙茶什麼的當然就是，留給年輕人去拌，超胖的呦，那個。我拌點鹽水，對，鹽水，但是可以加好多辛香蔬菜：香菜、蔥、平葉巴西利（如果買得到的話），或蒜花。味道就很標緻了。

夏天，把檸檬片切去皮再拌進去，吃的時候我會直接大口配著燙好的海鮮咬檸檬，好酸好喜歡。或者拌上自製過量得好好消化一下的梅干，都好開胃。

不行，不能太開胃。這樣會吃掉好幾碗飯。

就算回到年輕時期沒有廚房的小房間，有單柄鍋跟電磁爐就可以完成的料理有：檸檬拌中卷、梅醬涮豬肉，還有雞肉丸子麵（這個不用食譜吧各位）。

Bon appétit。

〔檸檬拌中卷〕

準備好恰當的配料，並且把配料切得美如天仙（誇張）是重點，這樣就沒有人可以看得出來是在幾坪的房間裡面，用長怎樣的信用卡贈品燙出來的。嘿嘿。

1 中卷退冰，去皮、清內臟，沿中線劃開，橫切成數段。

2 小黃瓜切薄片，平葉巴西利或九層塔切絲。檸檬切漂亮的薄片，再沿圓周切掉皮。

3 燒一鍋滾水，加許多鹽，中卷分批放下去燙。每一次下水的中卷量不用多，燙個兩下翻白即起，陸續燙好起鍋。

4 取一些鹽水放在大碗裡，擠一些檸檬汁調勻，把燙好的中卷放進去，拌一拌。

5 將拌好鹹淡的中卷盛盤，擺上檸檬片、九層塔絲、小黃瓜，再翻拌均勻就好囉。

〔梅醬拌涮豬肉〕

1 把剛剛有加鹽的水，再滾一次，豬肉片少量入鍋，一次一片也不會誇張，涮下去就夾起來，粉嫩粉嫩，輪流涮完放涼。（不放涼也沒關係。）

2 蔥切細，梅干取肉，和鹽水、豬肉都拌在一起，結束。

春蔬的寵物時間

小時候，週日是料理的大日子。一大早母親就會去市場，拉著那輛兩輪的菜籃車，李棠華表演班一樣地直到它掛滿、負滿食材，超越各種極限可能，一路爆騰騰地拖回來。然後在一樓按電鈴，配合大叫，我和姊姊即使穿著睡褲也要奪門從四樓飛奔下來提菜，三個人大約要花兩三趟才提得完當日所有的購物。買菜是一週大事。

週日午飯前，成為整理一整週菜色的緊張時刻。但當然只有母親緊張，對我來說，有趣得不得了。母親會教我理菜：要怎樣拔去不妙的菜葉，要怎樣包好放進冰箱，甚至是用筷子翻洗新鮮豬腸，用牙籤剔去豬腦表面的血筋。我都當遊戲玩。當時的寵物吉娃娃也是，她會把小番茄咬去她房間排一整排，以示加入大家理菜行列的意思。

不知道是不是因為這樣，即使只買當天的菜，即使菜漂漂亮亮用不著我打理，我還是習慣一進門，就把它們都從購物袋裡拿出來，換上喜歡的籃子、喜歡的托盤，或者我最珍視的日本陶藝作家作品，鄭重其事地擺在自然光下，著迷地盯著它們看。

新鮮的茴香葉，會像漂亮的羽毛一樣張開向上，宛如沒有重量、沒有煩惱地輕揚在空氣中。最近市場裡流行的青皮蘿蔔，則在它的皺摺中，相對光線，藏著自有風味的陰影。

我總是看得好入迷，好像在看自己的寵物一樣。我叫這段寧靜的美好時光是，「寵物時間」。

春日乍到，芽啊、花啊、苗的，一年當中少見的蔬菜，曇花一現似地尊榮露面。如果得手，當然是寵物無誤，要好好地看看摸摸他們。而其中，我尋尋覓覓定要見她一面的，是真的罕見、稍縱即逝，很有個性的那位：蒜薹。

蒜薹是蒜的花苞與花梗，同樣帶鮮辣味，挺嗆的。但新鮮的時候，柔細得讓你懷疑自己是不是現在應該立刻要去取一只花瓶來插。

如果要拿花瓶的話，動作得快。蒜薹老得超快。上午買到的時候，葉子最前端還嫩綠鮮軟，弱不禁風的樣子，傍晚微顯枯黃，明天大概就有光看就咬不動的感覺。等等，但我好喜歡花時間把她放著，欣賞那麼嗆辣卻又柔細的姿態，欣賞花苞青綠之間帶鵝白的漸層。

欣賞到飽足了，突然心一橫，去頭去尾切成大段。一刻也不停，馬上煎香臘肉片，在臘肉片溶出滿香味的油脂後，把蒜薹拋入，喀喀咖咖大鏟幾下，當蒜薹全都沾染香脂並迸發蒜的香氣時，就大膽起鍋吧。

真的要蠻大膽的。這種炒法，跟吃生蒜一樣，辣喔。裡面幾乎是生的狀態，幾秒就把我辣到逼哭。但太開心了，我最喜歡這樣吃了。就像台灣式香腸配生蒜切片一樣，蒜薹配臘肉，就是要炒得生一點。

當然也可以不要這麼自虐。蒜薹下鍋前，好好汆上兩三分鐘，再與臘肉同鍋。跟大蒜真的一模一樣，辣味轉成甜味，會有香甜的熟蒜味，也有很多人喜歡。如果能在汆得不要太久的脆感，跟汆得比較夠的甜味之間，找到平衡，也不失為高竿。

寵物就這樣被我享用完畢了。（驚）

濃濃派 VS. 均勻派

「啊，我不喜歡味噌湯。等等的味噌湯，不用上我的。」我低聲對日本料理店的服務人員說。

她先回頭看了我一眼，確認我不是開玩笑，但還是笑了出來，歪了頭一下，大概是想：「不喜歡味噌嗎？但剛剛的味噌烤魚不是吃得津津有味嗎？」

哎呀哎呀，我是濃濃派的啊。

吃嘉義雞肉飯的時候，覆蓋在碗中央的雞肉絲、雞油不能幫我攪散，我要濃濃地吃。吃到外圈剩下的飯，素白而淡，怎麼辦呢？再設法配著涼菜，慢慢就吃完了嘛。草莓果醬淋在優格上，不能幫我攪散，我要濃濃地吃，甜酸都強烈。最後剩下大半優格沒了草莓果醬可以搭配，素素地吃，沒關係。反正剛剛已經濃過了，甘願。濃濃派，簡單說就是，啊，非常任性的吃法。

我喜歡味噌，沒錯啊。甘香，甜味是慢慢、慢慢地來。但是只喜歡濃濃的味噌，要先夠鹹甘，然後才是舌後排山倒海的回甜。喜歡味噌料理，但是，把味噌攪散在湯裡的版本，可以把我跳過沒關係。想要濃濃地吃，想要濃濃地吃！

家裡小朋友們卻都是均勻派的。滷肉飯會仔仔細細攪拌均勻了，才開始品嚐。咖哩從濃土黃色，和飯一起攪拌成淡黃色，才覺得是在吃咖哩飯。

不行啦，人生一定要試試看濃濃派的吃法。我做鱈魚西京燒給你們吃吃看。

為什麼味噌烤魚不說味噌烤魚，要說西京燒呢？啊，就是一定要用西邊京都偏白、偏甜的味噌，厚厚敷上拿去烤，這道菜才更有魅力啊。

厚片的鱈魚，用廚房紙巾拭去水分，再另外用乾淨的廚房紙巾或紗布包住一層。味噌與少許清酒調開，但要保持濃度哦，要夠稠，差不多像漿糊那樣吧。

把漿糊，喔不是，是把清酒味噌塗布在包鱈魚的廚房紙巾或紗布上頭，抹勻。厚厚的一層，像抹海泥面膜在臉上那樣。放在保鮮盒裡冰冰箱，一個晚上到三個晚上。

愉悅地等上三天之後，取出鱈魚，除去紙巾。潔白瑩潤的鱈魚，沾染了淺黃色，像曬過的舊信紙，好喜歡這個顏色。但表面光潔，沒有太多味噌顆粒殘留，這個狀態很好。如果你跟我一樣，喜歡味噌烤過略焦的氣味，那就在此時，額外輕抹一些在魚上。

我是用家庭無控溫小烤箱，連預熱都不用，放進去轉十五分鐘烤，烤到自己喜歡的焦度，就按掉烤箱開關取出來。簡直不要太容易。

嚐到了嗎？味噌濃濃地燒入鱈魚鮮白肌理內，富含著豆香、米麥香，還有最誘人的，焦香，彷彿濃縮再濃縮的滋味，非常迷人。

吃完鱈魚西京燒，有沒有倒向濃濃派了呢？
鹹甘的濃滋味，無疑引出了鱈魚淡卻甘甜的味道。鱈魚略淡飽含水分的肉質，也因爲用厚厚一層味噌醃過，而緊實濃潤了一點。
今後請多多支持我們濃濃派。

〔鱈魚西京燒〕

味噌燒入鱈魚鮮白肌理後的豆香、米麥香，還有最誘人的焦香，非常迷人。

關西白味噌 3 大匙、鱈魚 1 片、清酒少許

1 鱈魚退冰，用廚房紙巾拭去水分，再另外取乾淨的廚房紙巾或紗布包住。

拭去水分這個動作蠻實用的，會讓味噌很服貼的包覆上來，不會暈染化開。

2 味噌與清酒調開，濃度差不多像漿糊。

3 漿糊，喔不是，是清酒味噌塗布在包鱈魚的廚房紙巾或紗布上頭，抹勻。

如果你喜歡魚肉上有厚厚一層味噌，烤開很香，不用包廚房紙巾或紗布棉布，直接塗魚肉上。包起來的好處是，最後可以咻一下輕易除去多餘的味噌，烤的時候漂亮乾淨。我的個性就是……先包起來再看看。

4 放在保鮮盒裡冰在冰箱，一個晚上到三個晚上。

5 取出鱈魚，除去紙巾和紙巾上多餘的味噌。

魚肉有淡淡的米黃色，是不是很漂亮？如果在這裡突然又發現自己喜歡味噌烤完略焦氣味的話，現在再額外輕抹一些在魚上也不遲。

6 我是用家庭無控溫小烤箱，連預熱都不用，放進去烤十五分鐘。

7 烤到自己喜歡的焦度就按掉烤箱開關取出來。

8 要配清酒。

9 小菜可以配梅肉鹽麴小黃瓜片，還有佃煮胡蘿蔔鹿尾菜，那個做法下次再說。（下次是什麼時候？）

茶案前

所以肉桂卷
配什麼茶好呢？

充滿奶油香氣的厚餅乾，夾著兩種不同的巧克力甘納許奶油餡，微焦的烘烤香明顯，帶肉桂、丁香的西式香料氣息奔放。甜潤厚實的餅乾吃了兩口，嗯，是時候來杯咖啡了。

啊，不，今天要不要配一杯台灣茶呢？

台灣紅玉紅茶那彷彿曬過的鳳梨乾甜滋味，和偶爾飄出來的肉桂、薄荷香氣，跟巧克力甘納許奶油餅乾實在太搭了。但這麼理所當然的配法，就沒有什麼挑戰性了。今天想來試試看，還有什麼樣的台灣烏龍茶，可以來配好吃的巧克力餅乾。

以往喝完烏龍茶，最怕遇到奶油點心，最怕巧克力味。清幽的台灣烏龍茶香氣，被飽滿馥郁的奶油一掩蓋，原本在兩頰留下悠長的韻味，就完全消失不見了，好可惜。

但熱愛巧克力的甜點師傅朋友，改寫了我的印象。他將鐵觀音茶以可可脂油萃，放入夾心巧克力當中，在原本的甜潤之外，拉出了尾巴長長的韻味，巧克力滋味變得更豐富、更耐吃了。我居然看到了這兩位我以前認為是宿敵的材料，聯手共鳴的可能。

這幾年在台灣，有好多甜點師傅深入研究巧克力，我才發現原來不同產地的巧克力，有葡萄乾、莓果、黑胡椒，甚至像是發酵黑豆醬油的氣息，細細幽微地藏在巧克力香當中。

當我放開成見，打開一包鐵觀音，在溫熱好了的茶壺當中，我閉上眼睛，聞到了曬乾過後甜蜜蜜的無花果乾香味，還有彷彿蘭姆酒浸漬過後的葡萄乾味道，成為與巧克力甜點連接可能的橋梁。

很興奮地熱熱沖開鐵觀音，先品嚐了幾杯，然後拿起朋友設計製作的巧克力甘納許奶油夾心餅乾來配。

啊，有點失望。鐵觀音那像烤麵包一樣豐厚的焙火香，原本在小茶杯底留下很甜香的韻味。但深沉的巧克力餅乾一湊上來，一樣富焦香的情調，卻沒有搭配得很好的感覺，反而覺得太烈了，喉頭變乾，只想多喝幾口白開水。

有點洩氣地把它們放在一邊，茶都涼了。沒想到看完一場球賽，回頭再取出餅乾來嚼，像是要再給鐵觀音一次機會一樣，順手拿來再嚐一口，咦？不錯耶，涼了的鐵觀音，和手中的巧克力餅乾，終於和鳴。

涼了的鐵觀音，焙火香漸漸退去，那帶柑橘感的果香，和無花果乾的氣息，明顯了起來。如果剛剛的同一杯鐵觀音是深棕色的氣息，那麼現在手中的這一杯，已經轉為輕盈一點的橘色調了。

柑橘皮的香氣，果乾的豐甜感，給巧克力帶來搭調的另一道光采。鐵觀音在這裡扮演了猶如經典糖漬橘皮搭配巧克力的角色。認真製作的紮實巧克力，則可以全心全意地演出它的濃重、深沉、甘香，等等再啜一口鐵觀音茶，香料感就會隨著果香飄起來了。

有趣的小試驗，拋開了過去我對西式點心的成見。那麼，下一次來吃肉桂卷吧，除了紅玉紅茶，應該來配什麼好呢？要不要來試試看凍頂烏龍茶？

夏日，烏龍茶和它的好朋友們

陽光轉烈的日子，茶道具也一件一件地，從陶器，轉為瓷器，又從瓷器，轉為輕薄的玻璃器皿。

啊，不，最近的情況是，一只一只小巧品飲熱茶的白瓷小杯，慢慢被我換成了，廣口寬闊的大玻璃杯。小口啜飲的熱茶，漸漸退場；大杯，冰冰涼涼享用的烏龍茶，實在是讓人無法拒絕。

要享用冰茶的話，把烏龍茶和薄荷放在一起，蜜柑和紅茶同時奉上，是「一日茶事」的好點子。

我原本不怎麼熱衷，抱著「都在手邊了，不然喝喝看好了」的心情，沖開薄荷烏龍。哇嗚，香耶。薄荷的清爽香氣，比想像中存在感更高地瀰漫開來。口中嚐得到的薄荷沁涼，也比想像中舒爽。和新鮮薄荷帶著青草氣、鮮涼帶衝的滋味比起來，曬好的薄荷涼涼，但淡泊許多，氣味溫溫和和地來，再颯爽地帶著暑氣一起消散。烏龍茶的香氣包覆著它，一起在喉頭留下甘甜。好像有甘草一般的滋味，回甜有餘。

原來烏龍茶和薄荷在一起，是這樣友好的滋味。

不行，打開了烏龍茶與好朋友一起出現的開關，我就禁不住想像，還有好多相輔相成的滋味，一同喝起來，應該會很有趣吧？

腦中浮現的，是草本氣味清爽的琴酒，和許多新鮮香草。近來有許多花果香氣豐富的琴酒，取代了原本杜松子味濃重的本格派琴酒，似乎和綠茶、烏龍茶非常搭調。

沒想到實際動手調在一起，一嚐，哎呀，英式傳統富含杜松子韻味，口感比較帶勁的琴酒，勾出了薄荷烏龍底子裡面，那種陽光曬過乾爽有韻味的滋味，原來比鮮綠、輕飄、纖細的花果調琴酒，更讓我喜歡一點點。

原本想要搭配在一起的紫蘇、檸檬，就先收起來。換上了酸桔，和奧勒岡。

我喜歡的調飲，像水彩畫。基底，和想要搭配的材料，要彼此暈染接近。中間最好鋪陳能夠連接的漸層色彩，那麼，滋味就會像一道相連的階梯，一段一段、一層一層連接打開，引出一條漂亮的弧線。

英式琴酒和薄荷烏龍之間，暈染的漸層層次裡，原本想放的紫蘇、檸檬，滋味太青翠、輕飄。同樣有明亮酸香風味，卻多帶一點深橘色甘甜滋味的酸橘，和偏棕色調的曬過薄荷、烏龍茶較為搭調，比年輕稍嫌尖銳的檸檬要適合一點。調子再沉一點，帶著蓊鬱森林感的奧勒岡，也比紫蘇合適。

於是就這樣，在廣口玻璃杯裡放入家用的大冰塊，先注入二十毫升的酸桔汁，再來是四十五毫升的冰鎮琴酒，看起來像「Gin & Lime」的調法，但最後用雙倍濃厚沖泡好冰鎮過的薄荷烏龍，代替蘇打水注滿杯子，最後用一茶匙的糖漿（也可以不加）放入攪拌。

茶和薄荷的滋味融在琴酒裡，涼感變得不那麼銳利，但舒舒服服而鎮定的消暑感，已在酸香溫和的滋味裡。幾片奧勒岡葉在手掌心拍過，妝點在杯中，希望這樣的香氣，有帶你在森林中度夏的涼爽。

〔 Summer sour 〕

外行人的做法（笑），輕盈的喝法，但各種氣味跟層次都來一點，就是開心。當然囉，一些小配件，就像是玩家家酒一樣，手邊有什麼放什麼，說不定會有「哦，這是什麼，怎麼那麼巧妙」的收穫。鼓勵瘋一點做。

薄荷烏龍茶（茶包）**6 克、大冰塊 2 顆、日本酸桔 10**
英式琴酒 45 毫升、糖漿或蜂蜜適量、奧勒岡葉 2-3 片

1 薄荷烏龍茶用平常的雙倍分量，例如 300 毫升的水沖 6 克的茶，水溫約攝氏 90-95 度，茶沖開後冰鎮備用。

2 先在玻璃杯裡放入一顆家用大冰塊，用來冰杯。

3 杯子冰好之後倒掉冰塊，在杯中注入 20 毫升酸桔汁，再加入 45 毫升英式琴酒。

4 一邊注入薄荷烏龍茶，一邊偷嚐味道，到自己喜歡的濃度就可以停止。

5 喜歡甜一點，就再加一小匙糖漿或蜂蜜。

6 再放一顆大冰塊。

7 放上增添香氣的小東西，比如說奧勒岡，在手掌心啪一聲拍過，讓氣味迸出來。

夏蟬中的茶

「咦？我竟然有這個啊。今天來喝一點不一樣的茶吧。」

疫情中的日子，每天對望食器與茶道具棚，看著看著，居然發現了幾盞繫在包裝裡，從未打開過的玻璃道具。

夏蟬在對面樹間大鳴的日子，就是該用玻璃道具，來喝幾杯舒服的茶呀。

扁且寬的急須，是沖泡日本煎茶的道具。和飲用台灣烏龍茶時需要的高溫，以及蓋子有拱的高身茶壺不一樣。日本煎茶和抹茶，香味比較不明顯，很少需要高的壺身或蓋拱來對流香氣。同時，抹茶是蒸好採來的茶菁之後，細細磨碎來喝的茶，茶裡面比較苦澀的物質會因為高溫通通跑出來。用攝氏六十五度左右的水溫緩緩沖泡煎茶，或八十度左右的水溫刷開抹茶，就很溫潤好喝了。寬矮的玻璃急須，散熱很快，不用太擔心一不小心注入還偏高的水溫會怎麼樣，用來在夏天泡一壺煎茶，再適合不過。

有一年夏天拜訪京都，發現常去的寺町通一保堂，推出了四杯一組的日本茶體驗小席，覺得好好奇。於是和一對俄羅斯年輕情侶，一起眼睛發亮地站在側廂，期待灰白頭髮的白袍先生，會帶給我們什麼好喝的茶滋味。

站在吧檯旁品嚐的小席很輕鬆，面前有一張白紙，印著四個小圓圈，原來是等等每一小杯日本茶放置的位子啊。先來了一杯溫熱的玉露，初入口好像海苔的甘味，滋味清甘，淡雅溫柔。接著的煎茶與焙茶，漸次帶來青草和輕輕焙火的滋味。最後一杯抹茶，白袍先生用茶筅溫熱刷開了抹茶，把漂亮翠綠色的茶湯，放在我們面前。

哇，微苦回甘的滋味好迷人啊。老先生看我喝得一臉滿足，很開心地跟我聊了起來。但是俄羅斯情侶一時安靜了下來，一望過去，啊，果然對他們來說太苦了點是嗎？老先生一點都不匆忙，慢條斯理地打開不知道什麼魔法小罐子，夾了一顆什麼來。喂，該不會是一顆冰糖吧？

不是冰糖，但是，是一顆圓圓的冰塊。他把冰塊加入我們喝到一半的抹茶小杯裡。抹茶變成了冰抹茶啦。甜潤順口的感覺馬上把氣氛變得不同，來自俄羅斯的兩位也驚奇地睜大了好漂亮的大眼睛，開始加入我們熱絡的聊天。

一面翻著京都的回憶，我一面試著泡一點抹茶，一點煎茶。

抹茶不用茶碗跟茶筅熱熱地刷開呢，就是不能喝。失敗，哈哈哈。但我仍然調皮地拿出一只金網茶勺，架在平時用的玻璃茶盅上。茶勺裡頭放著的不是別人啊，正是幾顆小冰塊。當煎茶在急須中，溫溫泡開了之後，順著壺嘴穿過茶勺裡的冰塊，注入茶盅，濃濃的茶湯化開，變成涼涼可口的茶。嗯～這次還不錯哦。

配蟬聲，用兩盞新開封的玻璃杯來喝正好。

桔茶的婚禮

啊，那個豐富溫暖的甜香，滲入、補滿了酸味的縫隙。單薄刺酸的滋味，一下子變得濃郁、厚實，柔軟地敷上舌頭。還維持著活潑彈跳的個性，但溫馴可人，脾氣變得很好的樣子。嗯，好棒好棒。

我在寫著「紫芽山茶」幾個字的下方表格打勾，然後繼續往下，為自己心目中一杯好喝的熱桔茶，試茶。想知道誰最適合跟酸桔結婚。

熱桔茶對我來說是一杯遙遠但溫暖的記憶。年輕青澀的時候，去當時的泡沫紅茶店，去小歇，去七里亭，冬天不知道要喝什麼，我都點熱鮮桔茶。酸酸甜甜暖暖。實話說，那個甜當然有些膩人，那個酸偶爾也有點扎人。但是搖晃那個矮矮胖胖、附紅色塑膠握把的玻璃瓶，一邊大聲到不行的聊天，一邊把暖暖膩膩的桔茶倒出來，配著青春無腦的話題，偶爾還浮誇地邊笑邊拍桌子，大口大口地喝。該怎麼說呢，喜歡的也許就是當時無憂的歡笑感。

去年梅子季缺水缺梅，梅酒季節四處奔走求梅。好吧，我想起同樣酸得可愛的酸桔，應該做起來也一樣可口吧。於是為它們剝去了苦苦的外皮，一顆顆金柑糖也似的，漬進玻璃罐裡。半年後的秋末，開罐來喝，喜歡得不得了。

喜歡到還召集了好多朋友們一起來剝皮做金柑糖酒，喔不是，是酸桔酒。當一室的大家，唰啦唰啦地同時劃開十幾斤的酸桔皮，哇，那柑橘皮特有馨香酸甜的鮮辛氣味，濃濃沾染空氣時，離青春過了數十年，我突然冒出「好想喝熱桔茶啊」的想法。

那麼怎樣的茶，和我手心裡捧著的這些酸桔最搭呢？

「結婚」，是葡萄酒和料理很搭的時候，法國人拿來形容這種絕妙狀態的詞。我不知道是不是在各種很搭的情況下，都可以這麼說。不管，我就先拿來用了。

台灣原生山茶是大家熟悉的紅玉紅茶的爸爸，它跟緬甸大葉種的茶樹一起育出的寶寶就是紅玉。也因此，山茶的甜香中有薄荷、曬乾的鳳梨和炒過的糖香氣味，都是紅玉紅茶討喜個性的由來。爸爸比較溫和，比較不澀，所以想到桔茶時，我就猜測，山茶應該可以跟酸桔結婚吧？

可以可以。紫芽（選茶樹的細芽）山茶補足了酸桔的單薄，給了它許多溫暖甜味，又不強烈搶戲。結婚吧結婚吧。

然而我也好奇想試試看鐵觀音這個女婿。鐵觀音甘醇，手中的這一包，泡起來帶煙燻味，微苦，但是天生的柑橘系果香流動。一顆酸桔切對半，擠入，哇，它們有許多基因像是連在一起的，甘香尾韻長，好喝好喝。也有結婚感。

該不會其實酸桔根本是個人很好，適合到處結婚的對象吧？

哈哈，我想太多了。再試了發酵比較輕的包種茶，熟香型包種茶，就都沒有你儂我儂的感覺了。酸味和清香的森林感分離，是真的牽不起手來。

有熱酸桔山茶，和熱酸桔鐵觀音，我已經非常滿足。不過正如當年熱鮮桔茶帶給我的歡笑回憶，其實，這樣試來試去、試來試去的實驗氛圍，滿足了我溢出來的好奇心，才是我這個冬天真正喜歡桔茶的緣故吧？

起炭泡茶

常常嚷嚷抱怨著這個冬天怎麼都不冷不冷，其實，風一天天緊冽了，脖子前的拉鍊一天比一天拉得更高了。早上起床不穿拖鞋腳就會冰吱吱的日子，終於來到了。

那麼，來起個炭、泡個茶吧。

講到起炭泡茶，身邊的朋友就會大驚，哎呦，好麻煩啊。或是覺得沒學過，怎麼會？好像多難。咦？不是啊，離精通當然還很遙遠，但是日常裡起炭泡一杯，就跟你中秋節時起火烤肉一樣簡單隨興啊。

會想要起炭泡茶，原因好像非常單純，就是貪杯，貪圖那一杯美味。

對，在炭爐旁氤氳著熱氣，動作緩慢地沏一壺茶，是感覺很浪漫、很詩意、很閒雲野鶴、很禪意沒錯。但這並不是吸引我的原因。最具魅力的，還是去年某一回，愛茶的朋友推薦我去一位老前輩家喝茶，喝到以炭爐燒水泡的茶，柔順而回甘不絕的美味，太驚喜了。想起炭，說穿了，不是禪意，是基於饞意。

說來好笑，平時去前輩家喝茶，誰不是爭著帶上好的茶，獲獎的啦、奇巧的啦，如何如何難取得的茶。怎麼同行的朋友一落座，一包一包從袋子裡拿出來排上主人茶桌的，盡是些「問題茶」。

「嗯，我覺得這包茶好像焙過頭了，無論開了放多久喝起來都還是好燥喔。」

「嗯，我覺得這包茶有種怪味。」「這樣你也拿來！」

「嗯，我覺得這個茶好難泡，總帶著一種酸味，一點都不甘甜……」

我超級傻眼。

前輩幽默風趣，一點也不在意。談茶的時間不多，總是怕我們冷場，一邊說著笑話，一邊把（有問題的）茶置於小壺裡。看著他把壺緊貼在冒著熱氣的炭爐水壺上，一面聽著前輩大聊年輕時奇妙的經歷。

說也奇怪，每回被來客指證歷歷的壞茶，水沖下去一泡開就婉轉了、鮮亮了、柔軟了。說什麼不香的，都香了；說什麼不甜的，都甜了。

我說這太神奇了吧，到底施了什麼魔法？老前輩說，小姑娘試試看要不要？用風爐起炭燒水。

我心想，起炭哪有這麼容易，說起就起。我好多朋友，哪一個不是費盡心力從日本買回一堆道具，備齊了才動手起炭，免得把家裡薰了還是燒了。想到那些道具，就覺得頭暈，好像挺麻煩的。

朋友研究了一下，說要做一只風爐來。不見得要像日式茶道那樣，有標準的風爐規格。沒想到才幾個禮拜，他抱著砂鍋一樣的簡約黑色炭爐來，比起日式風爐，很輕巧、很俐落。

我立刻在家升起火來。

最基本烤肉用的簡易炭，也就可以了，在瓦斯爐上燒個十分鐘，放四塊入爐。常見的五行陶壺裝水，可以先在瓦斯爐上燒滾，也可以用炭直火燒滾，不一會兒，壺嘴就冒起白煙裊裊。

舉壺沖茶。哇，個性剛烈的茶款，都變得不那麼苦澀與猛烈了。喝起來個性仍然耿直有線條，但邊邊角角被修掉了，圓潤許多，回甘就相當明顯。

我不太相信炭有此神力，於是試了再三，越試越上癮。早上醒來不小心養成有看窗外雲況，立刻思量要不要起炭的新習慣。

越試越上手。備炭、燒水、沖茶，越來越輕鬆如意，動作越來越快。

我仍然喜歡學了多年，斟酌調校之後，用酒精爐顧好水溫再泡的功夫泡法。玩溫度、玩火候、玩手勁，太有樂趣了，鑽研樂此不疲。然而，起炭喝茶很放鬆，覺得隨時可以來幾杯，隨時可以很愜意。竟和我原先想像麻煩的大陣仗，是完全不同的感覺。

這是另一種冬天的樂趣。

新年午茶

除夕當日下午，喝一盅茶，已經成為我的習慣。

原本是多年前，一次急抱佛腳的除夕當日大掃除時，翻找到一組黑田泰藏的純白小杯。「咦？我竟然有這個？」有點驚喜。多年的塵埃終於暫時受到控制後，我等不及，想說，來試試看喝起來如何吧，這兩只淨白透亮的杯子。

那就是第一次的除夕午茶了。

很不錯耶。雜物離開視線的地板上，輕輕散發著剛拖完的清新氣息，窗下小几乾乾淨淨的，只有兩杯，清清淡淡的高山茶。但該怎麼說呢？清清亮亮的溫熱茶湯，好適合這個下午啊，有一切都（趕在最後一刻前）滌淨的輕鬆感，也有什麼都先不用管，靜靜等待新年到來的期盼氣氛。越是清淡，越顯合味。

往後的幾年，除夕午茶開始變得花俏。得到朋友親手做的西式奶油餅乾，就泡了奔放的紅玉紅茶，與兩個孩子一起，在落地窗前，鋪小巾在桌上假裝野餐吃喝了。配一只當年挖寶挖到的，昭和感紅色硝子糖罐，孩子們紛紛加了好多糖。

或者在一次年前奔往新竹的旅行中，排隊買到了人氣草莓大福。那當然是，在當天拿出來配一盅濃濃的茶，好飽足愜意。

除夕剛過了，也不要緊，要不要來為自己安排一席新年午茶呢？

大掃除翻出來，各種被遺忘過的小道具，最適合在這個時候派上用場了。「咦？怎麼有一罐鳳凰單欉從來沒開過的呀？」「咦？怎麼有這只花瓶？」有趣的小物件，和有趣的回憶，一一浮現。母親也會在她家掃除時，翻找出一些有紀念意義的小品，像是奶奶以前在用的，整顆灰色大理石鑿出來的（超重）小花瓶。特地在初二，擺在玄關等我帶回家。

那就都擦乾淨拿出來用用看吧。

上一代留下的溫暖回憶花瓶，插上過年時開得嬌豔的櫻花、雪柳，或者，只需要插一點陽台上剪下的綠色植物。遠方朋友寄來的點心，仔細取來幾只小皿，一塊塊分別放好。總是存放著說要等某個時節才要拿出來喝的茶，對，就是現在，剪開放入茶則、茶壺吧。

根本就不要管泡得好不好喝，家人們吆喝來，熱水沖下去，開始聊起這些小道具的塵封回憶，大家說著喝著，就是最快樂的事了。也許根本不限於新年，找機會讓家人重聚，喝喝茶吧。

碧螺春
麝香葡萄冷甜湯

「好甜。」嚐了一口麝香葡萄。「甜爆了！」

哇哇哇，我被甜到原地團團轉，像發條玩具亂轉。通常水果很甜，是件好事。熱愛的人應該可以馬上一串完食。但我超不耐甜，此刻只想翻冰箱，看看有什麼能搭配這位極甜公主，讓豐富爆炸的膨圓甜味，拉長得雅緻悠長些。

森林蓊鬱感的百里香，get。一點點薄荷，get。還想要一點什麼，柔和淡雅的元素，帶良好心情，但成熟安靜。有點像一位寵溺地看著公主型的小女兒穿蓬蓬裙，微笑不語的父親。

冰箱裡找不到，一出廚房，倒是瞥見了一包送來已久的碧螺春。啊，這個應該會很不錯。

沙沙地從茶袋裡，倒出了蓬鬆條索狀的碧螺春。來自熟悉的包種茶茶農，但做得發酵更輕。還沒泡開，鮮卻淡綠的氣息，已悠悠飄出。啊，不是爸爸，是年輕稚嫩的小鮮肉。

溫柔低溫沖開，綠豆般淡而香甜的雲朵升起，瀰漫。泡得濃一些，帶點收斂的微苦，再冰鎮一下，柔和卻細長有韻的味道，嗯嗯，是剛剛想要的滋味，此刻變得更具體了。

趁著等茶變得冰涼的時間，把棗子般碩大的麝香葡萄切片。才不過幾顆切開，已經鋪滿碗底。連同剛好到手的無花果也切片一起下。百里香帶來深綠色的針葉林味道，宛如站在道格拉斯杉下面，仰望天空，樹的氣息澎湃，但可以一下輕跳化開。在甜的調子裡有平衡的森林感，卻又不會太重。薄荷太輕嫩，像突來的高音，有點尖銳。放棄，直接塞嘴巴咬咬嚼嚼，吃掉。

甜潤潤的水果，鋪排一片，在薄的白瓷大碗裡面。冰涼過的碧螺春茶，像湖水，漫過一切，直到百里香輕輕浮起。悠悠甜甘茶香，融合了森林，融合了秋天的豐甜，調子穩重了下來，有我喜歡的悠長感。

喜歡層次一疊迭起的人，喜歡再甜潤一些的人，可以加入一些自己喜歡的稠甜果醬。手邊剛好有一小罐，鳳梨蘋果顆粒果醬，我挑了幾顆方整的、漬進鳳梨酸甘滋味的蘋果丁，滑進碧螺春麝香葡萄冷甜湯裡，還不錯。

曾經在樂沐擔任甜點主廚的泰斗，平塚牧人，出版了一冊厚厚的精裝甜點大書。他在類似這樣的葡萄冷甜湯中，加入了中式甜中帶苦味的南杏，沒有茶，用的是哈密瓜汁，這個組合想起來應該很好吃。剛好翻著書讀到這一頁，好有趣。

你呢？你想在你的葡萄冷甜湯裡面加入什麼？

餐桌上

托盤

朋友跟我說了一則她去泡溫泉的悲劇，我笑到有必要進行抽筋的急救。

故事很短。其實就是她和妹妹去礁溪泡溫泉，跟我一樣貪吃享樂，想在池裡邊泡邊吃鴨賞。真的貪吃，未到池邊就撕開鴨賞包裝偷吃兩把，結果彎身入池的時候，鴨賞從袋口噗通噗通地掉進水裡。比較慘的是，一邊要撿的時候，一邊掉得更多。

整池變成鴨賞湯。還拍了照片。

我要是飯店人員就把她們兩個蕊洗（台語）。

不是我自以為比較聰明，實在是因為我貪吃的經驗比較有歷史。我才剛要開口問她，她馬上搶了我的話：「為什麼不用托盤，對不對？」

我苦笑了一下，哈哈。在朋友圈中，我是出了名的托盤控，到稍微有病的那種。

不是嘛，你評評理，並不是要她從台中拎著托盤去宜蘭，但要是鴨賞放在飯店房內的咖啡杯托上，兩小碟，再用房內的托盤，盛好，放在池邊，好整以暇地躺在池裡，管妳要很醜地用手抓來吃，都無妨。這樣就不用懊惱鴨賞湯弄得整個池子都很油，就算把鹹香的湯整池放掉還是油滑到不能泡還不能聲張只能悄悄溜走了嘛。

朋友老愛說我用托盤裝模作樣，實際上是貪吃經驗豐富啦。他不懂。

最早的時候就是這樣。我太愛在兩坪不到的小房間裡，看著我的窗光吃早餐。其實房間狹小到除了過道，床前只能放一雙拖鞋，就滿了。那就是一間臥房，我那些味道甚重的菜色，什麼魷魚螺肉蒜（對啦，我早餐吃魷魚螺肉蒜，有意見嗎），要是噴了幾滴到床單上，或是我寵愛到不行、風化得斑駁漂亮的小紅酒箱上，也太，令人心碎了吧。

知道自己時不時粗手笨腳，要是打翻非同小可，我老早就很有自覺地把熱鍋、小碗、碗筷、小花瓶，都放在托盤上，一次端好就定位。簡單，嗯，安全。

好的托盤重心應該要很穩。通常是四比三的長寬比例，手扶穩了以後，可以感覺重量落在盤中，有安心感，不會端了托盤還覺得自己要走平衡木一樣抖。那就算是，愛找自己碴在房間裡吃飯的怪人的好幫手了。

橢圓的更好，對我來說。一樣是四比三的長寬比例，但削去了四角，呈弧形，可以避免無知的主人如我，在角落放上吃重的東西，像是一杯滿盈的水然後不小心就打翻了之類。橢圓的更無翻車之虞，防呆，好用。

現在你知道了吧，防呆好用是托盤最美的優點。看起來格外安靜又嫻雅，不過是順帶的好處。

鋪了純白桌布的時候，我會用托盤。需要在桌上放些超會滴的醬料，辣油、醬油什麼的時候，我會用托盤。很偶爾的時候，吃冰淇淋，我會用托盤。簡直就像，幼稚園小童要用圍兜兜的概念一樣。我承認。

而樸素的托盤，比花俏的惹我喜歡。

我的確非常享受，把長得好黯淡的食材，或食物，放到長得比它更黯淡的托盤上那片刻。大家都好素顏，散發了一種寧靜、溫柔，不爭奇鬥豔卻又更容易看到它們美的一角。

試試看拎一把蔥，放到木質托盤上。逆著光看，每一根蔥的蓊鬱，都比平常更扣人心弦。

或是放幾朵白木耳在托盤上，記得，黯淡的那種托盤。透著光，亮的銀白、絹白、霜白，和暗角裡的灰白、棕白、米白，一層一層看得叫人忘記了時間。

結果，把從菜市場買回來的食物，擺到托盤上欣賞，變成我早上的例行享受。簡直時間太多。但也就是因為這樣，每回飽飽欣賞過後，心中多了些什麼。應該是額外的滿足吧。

桌上有花，卻不是那麼盛大、了不起的花，比方說從一把大花束掉下來、帶黃花的相思樹一枝。我也會給小瓶花一個托盤，當坐騎。通常是一只長形的托盤。小花瓶不放中央，而是落座在托盤四分之三左右的重心上。當枝椏伸展在一側，我好喜歡享受著，托盤被空出來留白的那個空間。好能呼吸，好有餘裕，好能舒展人心。

有攝影師朋友笑我是不是隨身要帶著托盤？不這樣就沒辦法拍照。

托盤很好找的。別人家的木板、正面花俏到不好看但翻過來居然底部蠻樸素可愛的陶盤，或者飯店都會有的塑膠托盤。對，我就是喜歡用。

幾年前去金澤，大雪。大到百貨公司都提早到五點就打烊，全城幾乎沒東西吃的那種大雪。去超市，一樣滿足，我眼睛瞪大，包抄了淡雪、章姬跟甘王等等不同品種的草莓。開心得跟什麼一樣。

在飯店房間嗑草莓，還想淋些鮮奶油。噢，我該不會滴到床上吧？當然，不可能有帶我平常那些托盤。這種時候，飯店的塑膠托盤很好用的。盛著飯店房間內的威士忌杯，草莓丟幾顆進去，鮮奶油淋啊淋的，不怕飛濺到床上、椅子上。還有，看起來居然好美。

下回，吃草莓的時候，吃鴨賞的時候，記得張望一下四周有沒有可以用的托盤。

老兵與仙女

每週為小兒做了送到學校的「貓男便當」，是我頗受身邊朋友期待的項目。好，對不起，我知道大家期待的其實是兒子的貓言貓語，偶爾天真、偶爾超齡，偶爾又很令人訝異的成人感海味喜好。「什麼？他也喜歡吃烏魚魚白？」「我也要吃。」根本沒人注意我囉唆著，噢，煎魚白的時候盡量不要翻動，等到焦香味……「哇，他今天拿到的時候說什麼？」「哇，我也要吃。」好，沒人在聽。

和做便當給小時候口味與我天壤之別的女兒比起來，貓男愛吃的海鮮，大抵與我雷同。我當日的午餐也就順著跟他的便當菜，一模一樣。說是當日的貓男便當，但每回我獻寶拍了分享的，都是擺在落地窗前，歲月靜好式的我的那一份。很少有人想到要問，欸，妳給兒子用的便當盒到底是長什麼樣子？

「啊，一定很好看吧？」「很漂亮吧？」不妙，再這樣講下去，我實在說不出口。要深呼吸，集氣，甚至在心裡數一、二、三，才能緊閉著眼睛大聲說出來：我用的是五金行老兵不鏽鋼便當！

就是那種，在傳統市場深處，偏暗的入口，吊著菜籃車、塑膠掃帚和整串紅色、綠色小豬撲滿的，老派五金行裡賣的不鏽鋼便當盒。

啊，說出來了。終於。

它很輕嘛，飯菜的分層又做得很徹底。老式到不行的釦環，扣得緊緊的。跟兒子說了八百萬次不要拿到便當袋就搖來晃去，像給裡面的飯菜坐海盜船。我不如把要唸的這段話省下來，跑去買一個可以扣得好緊的老兵便當盒，這案就結了。

對，真的看上去好沒有氣氛。都不像日本媽媽給孩子帶的木盒便當、琺瑯盒便當。

呦呼，好美，好賞心悅目。這胃口不是看了都比較開嗎？

欸，這我也知道。但要看給孩子帶了什麼呀。

我總是很愛，在看了別人家媽媽給孩子帶的美麗便當照片後，酸溜溜地說，對，這些可愛的孩子，怎麼人都那麼好？

要是我給貓男帶了木盒便當，裝著漂亮的小番茄、花椰菜，甚至口味比較中規中矩的漂亮日式蛋卷，他雖不至於太任性地完全把它們推開不吃，但很可能會微微蹙眉，嘟起臉頰，哀傷地看看便當、看看我，看看便當、再看看我。好，對不起，我檢討。

那這個怎麼樣：鍋子裡燒煮蒜苗跟魚白，烈火開下去，爆出酥香味，再嗆他個烏醋和醬油，可以吧？嗯，小貓男眼神完全亮起來，表示滿意。

所以，你說，該怎麼樣把每週的蒜燒烏魚白、薑蔥蚵仔、韭黃蝦仁……放到漂漂亮亮但蓋不緊的木盒、琺瑯盒裡，再期待它們享受坐海盜船啦？不行不行。

扣！扣！兩下壓緊老兵便當盒的密封扣環，十一點五十五分午休用餐開始，我十一點四十五分才關火，迅速裝盒，趿雙夾腳拖，送到對面學校，便當都還是燙的。我根本熱炒店外送。老兵便當盒幫我裝得嚴嚴實實，毫不需要我擔心。香氣如置鑊上，湯汁一點不灑。

即使不美，我仍然非常享受和老兵合作無間，為貓男做快炒便當的每一週。

那麼，仙到天邊的便當，就留到媽媽自己跟別人出去郊遊的時候做吧。（喂！怎麼這樣。）

涼掉也不會不好吃的飯糰，是這種仙型便當很適合的菜式。

鮭魚飯糰、明太子飯糰、小魚紫蘇飯糰……或炸蝦飯糰，我一下就想到好多受歡迎的口味。但是啊，縱然我那麼那麼愛純日式的滋味，從小時候開始，根深柢固的印象，最好吃的飯糰，卻是燻雞飯糰啊。

不是美而美燻雞漢堡的燻雞，是傳統市場賣的。對，有時給人家買去拜拜用的，有頭有尾、有冠有爪，油香香、亮滋滋的燻雞。

小時候媽媽會戴上「香雞城」薄塑膠手套，把燻雞撕成一絲一絲的。很燙的白飯一鍋掀起，霧呼呼的趁熱把雞絲塞到飯裡，捏成長橢圓形一粒。好香～。

捏飯糰總是讓我覺得看起來很好玩。矮不隆咚的我站在旁邊，心裡一直想著：我也想玩，我也想捏。

現在，自己煮好一鍋白飯在眼前，捏入手掌心才知道：燙、燙、燙，燙死人了！娘是有怎樣的鐵砂掌，才能徒手把飯捏成光潔晶瑩的長糰子，把雞絲都藏好在裡面啊？

這東西不趁熱，根本成不了糰，香潤的雞油更會讓米粒四散五裂，變成散飯糰。

（喂！沒有那種東西。）

熱飯熨手真的難忍（在塑膠袋裡面墊個毛巾或可解決，但我還是愛徒手），然而，手撕雞絲，真的是做這個飯糰便當最迷人開心的環節。

整份帶皮燻雞，絲絲撕開時，指尖都沾滿了那鹹甘腴滑的雞油，香啊。我特別愛挑雞翅來剝，咕溜的翅肉，和飽吸了燻香和鹹甘味的雞皮，總面積特別大。翅中內面還夾藏了雞滾煮放涼後，晶瑩膠彈的雞汁凍在皮下。單單是剝了一隻雞翅後，沾染在十隻指尖的凍汁油脂，之香，之甜潤，之鹹鮮，我簡直可以直接吃自己的手指頭。

不，在沒有人看到的時候，我直接用這十隻指頭抓白飯塞口裡，有甘蔗燻香的油，包覆著剛煮好的熱飯，一粒一粒，原本就很分明的米粒，又被包覆得更加外鬆香油滑、內糯黏好嚼。顧不得形象，偷吃到覺得幸福飛天。「嗯～」「嗯～」在那邊大吮自己的手指。台式燻雞配熱白飯，怎麼會這麼限制級的銷魂。

圓白小巧，一粒粒的飯糰，在逃過偷吃劫後餘留下來（擦嘴），放進墊了翠鮮生菜葉的木盒便當裡，真的太純潔、太安詳、太討喜了。無辜得好像兩個對立的敵手，都可以為了嚐一口而坐下來一起分享這個便當。（才沒有）

找好朋友啦，沒有要找敵手。穿條白裙，開車出門，爬段小山，最好流一點汗的那種。然後打開木盒便當，包裹了油潤雞絲的潔白飯糰仍在那，涼了些，但米粒依舊彈潤，雞香溫柔，甜味湧現。這時候吃大口一點，讓旁邊登山的人覺得你討厭。

仙女演完，下週依舊想著烈焰爆香的海鮮菜色，用老兵給兒子帶便當。

逆向

在這個IG時代，食物看起來漂亮，實在太討喜了。我恨不得自己多喜歡些麝香葡萄聖代（啊，甜食我無法啦），草莓鮮奶油夾心吐司（就說甜的沒辦法了），或是讓整個畫面都甜滋滋的自家製烤餅乾（我、不、會、做），漂亮，溫馨，完美。

但當我被問起，現在想吃點什麼，腦中冒出的，卻全都是些老派、土氣，長相一片混沌的食物。

欸，不是，鹹豆漿它真的很好吃嘛。先、先不管它一碗看上去是不是糊成一片，拿把湯匙攪下去，嗯～鹹辣有味的榨菜，先是揚起帶發酵的香氣，有蝦米海味和微辣的口感，引得人心慌意亂。乍想好像是蠻刺激的味道，但大口含進舌上，卻被豆甜溫柔地包圍。

這種老派食物就是這麼有魅力啊。雖然夾雜著一點「是甜？是鹹？」的混亂複雜情緒，但那氣味香鹹翻辣，質地卻是溫煦包容，卻是雙重的討人喜歡。

唯一的缺點就是看起來……一碗駁雜紛呈、質地不均的模樣，實在很難說服沒試過的人說，嚐一口嘛，我覺得你會喜歡啊……

同樣的問題，也發生在巴吉魯身上。

巴吉魯是麵包樹的果實。它好可愛，嚐起來柔雅溫順又清甜，籽兒就像清清水煮過的花生一樣微甜微香。

啊，我被斜眼睨了。因為我這麼形容著的食材本人，外表長得一粒一粒嶙峋突起，內部是鮮橘色的籽鞘，把「我不好惹」寫在自己臉上，看上去怪可怕的。

完全像被誤會成黑道的案例。

事實上用排骨去燉，它滋味清澈微鮮，像有果味的鮮菇，雅而清甘。個性很好的感覺。

阿美族的吃法不只燉排骨，還要加些小魚乾。更傳統的還有炒點飛魚乾，然後加水燉煮。我卻心疼它的單純和清麗，連一點海潮味都捨不得加。

這滋味大概只有抱著花蓮鄉愁，和愛上花蓮滋味如我的人，會從畫面上聞到了麵包果那種似甜不甜的熱帶氣息，而微微垂涎，覺得好美。其餘被它嚇人的恐龍外皮一驚，隔著螢幕大概也向後退了八十七公分吧。

我深知鹹豆漿、巴吉魯的不討喜，但極愛那味道，硬要介紹給大家，於是得想點什麼方法，也要妝扮它們上桌。嗯，就用小碗與疊盤吧。

什麼是疊盤啊？哎呦，其實沒有這種名詞啦，就是疊起來的大盤子裝小盤子，這樣而已。一九七〇年代的新派法式料理在全世界掀起巨大影響至今，但剛被介紹進台灣的時候，我爸那輩的長輩們大概不怎麼領情，語帶挖苦的說，大盤子裝小盤子再裝料理，就賣人比較貴。

這酸溜溜的形容卻給了我許多啟示。對欸，小盤子、小碗就是精緻可愛，總讓我能好專心地注意裡面的料理；接住小碗的敞開大盤，如荷葉襯著荷花一樣，奇妙地能讓我沉得下氣來，安安靜靜享受眼前這一碟。

對，豬龍骨天生長相就是不優雅，巴吉魯也張牙舞爪。有人就跟它不熟了，若是端一整鍋上來，簡直就讓人想逃跑。但現在它在清雅的一盞白色薄碗中，小朵如淺黃色花綻放，配灰黑的肉骨當背景，好像鑾素雅沉靜的。至少，溫馴可愛一點，令人想接近。

我會在大小盤之間襯上大大的綠葉，讓巴吉魯誕生於熱帶的熱情，仍有跡可循。

還有太多傳統一點的菜，都適合這招啦。再舉一個例子，套腸就是另一道。

我愛套腸。太愛。無論它是準備起來多麼煩人的一道菜，我就是願意為它洗手作羹湯。這不是譬喻和轉注，真的，要洗好多好多好多次。

但它吃起來真的迷人。層層疊疊的小腸，蜷在大腸裡頭，沿橫斷面被薄切成片時，大腸被醬香滷軟了的質地，嚼起來舒服；但內層仍有帶脆的小腸，嚼起來唧咕唧咕的，層次一疊。

問題也在於上桌時的不討喜。

被滷緊擠壓在大腸圈中的小腸，歪七扭八，像腦的皺摺。就算是醫學院學生也有覺得想要閃開視線的必要。若一大鍋、一大盤來，有殺人魔感。

裝在小盤子裡，然後疊在大盤子懷抱，再上桌來吧。燉得好久、洗得好費工的幾番故事順便再叨唸一下，小盤子裡的腦，喔不，套腸啦，瞬間變成珍貴的、難得的，應該要捧在手心的珍味，是不是？

逆向在這個顏值世代，我喜歡那些看起來像黑道的食物，不是很聰明。還好，有大盤子裝小盤子這一招，救了我。

想要喝湯的時候

想要喝湯的時候，像專心談戀愛，一心一意只想要那暖暖的煙、溫溫的觸感、熱熱的汁水。桌上只有這位主角，其他的，都不重要了。

好，即使這頓只有這麼一道菜，我仍然喜歡清湯，勝過濃湯；喜歡素材單純，多於繁複。

得到鮮白清郁全鴨的早晨，毫不猶豫，我的腦海中已經飄起酸菜鴨湯那個既清純又深沉、既鮮逸又回味無窮的的香氣與滋味。

總覺得鴨肉天生是帶著點鹹味的，而酸菜發酵過的鹹香，更能一層層地深入鴨肉，勾出來的鮮醇味道，像浪，一波波湧出來。反過來說，酸菜原本略澀、略單薄，顯得個性刻苦的酸味，在鴨骨與少少油分的滋潤下，開始變得輕鬆曼妙，滑著進口裡，一下子變得甜。

好絕妙的搭配，我可以，就這兩位就可以了。好啦，頂多多加一小團冬粉。

相較於這麼純雅可人又單純的湯，每次上桌時，我卻總是滿滿、滿滿、滿滿地排了一桌道具。

滿溢著鴨香、酸菜香的鑄鐵圓鍋，整鍋上桌是一定要的啊。偶爾我墊鍋敷，冬天給它一團暖暖軟軟的草編鍋敷，夏天給它一座涼涼爽利、大叉叉狀的鑄鐵鍋墊，但偶爾我也端一只方方長長、像砧板一樣的老木板，很穩很有分量，滿鍋的酸菜鴨一放上，有很安心可以慢慢吃一個中午的感覺。

小碗拾來。冬天的時候我隨手一撿，雖然沒有特別留意，但很奇妙，總是撿到那只肥肥厚厚，碗緣露出一圈不上釉的粗陶質地，微褐與白交錯的的矮碗。它蠻矮但是夠胖，配合著我吃得很慢的步調，把我的湯抱得暖暖的。春夏之交，就很自然地去找那只薄得清脆的白碗，湯入口的溫度，就不致於燙到我這隻有貓舌的狐狸。

因為整座湯鍋都端來到眼前，碗就不用選多大的。最好的節奏，就是一次只夾兩塊鴨肉，一塊肉稍多，一塊骨頭稍多，大湯勺來，一勺湯澆下去。此時鴨肉在碗裡，應該像泡溫泉，有露出它的臉，但下半身（嗯？）也被鹹鹹香香的湯繞得一圈氤氳。這樣小小尺寸的碗就好。連湯連肉連骨頭，邊啃邊吸湯，喉頭發出咕嚕咕嚕滿足的聲音。然後，馬上再來一碗。

有沒有發現大湯勺很忙啊，一次只一勺，淋湯，舀肉，來來回回。當然它沒事的時候，就這麼倚在鍋邊也很好，但我喜歡給它單獨一個圓盤，扁一點，普通一點，舀完濕淋淋的時候沒空理它，隨手往旁邊一扔，扔在盤上，很輕鬆，很令人放心。沒時間擔心它跌到湯裡面，也沒時間慢條斯理夾進可以讓勺子立正站好的匙座上。你乖，你躺在盤子上就好。

小湯匙卻是有時間慢慢挑的，真怪。肥肥胖胖的陶匙，匙緣凹一個角，是我剛開始學陶的時候用剩的土捏的，不算好看，但這麼凹這麼圓，想喝很燙的湯時，最好用了。吃台式小吃那種橢圓形的白瓷湯匙，匙底平平的好擱料，就留到想要連湯帶料吃的時候拿。湯不是那麼燙的時候，只是想要來根可以攪、可以掃料入口的小匙，整碗捧起來大飲。那麼，很西式的長白琺瑯匙，舀起來最輕便順手。

鍋敷穩當，湯勺安全，吃得很安心。小碗滿了又空，空了又滿。幾番來回之後，通常想要來一點變化。哼哼，剛剛坐下前可不是早就想到了嗎？很簡單的剪一盤蔥花，好細好細的；或是一點點泡過水調整鹹淡的冬菜，一點點就好，用一個豆皿裝妥，擺旁邊。前後準備不用五分鐘，不過喝到第三碗酸菜鴨湯的這個時候，挾一點點綴在上面，湯的香味和鹹味，微微地轉了一個彎，就變得活潑而胃口又開了這樣。

燉酸菜的鴨湯，加香料包滾的牛肉清湯，或是連鹽也不加的筍子雞湯，清澈的湯看似簡單到不能再簡單，卻是滋味馥郁，香氣優雅，耐吃一整個中午的好料。

擺一桌鍋敷鍋墊，大勺小盤，小碗豆皿，道具很多，會搞得自己很忙嗎？不會啦，我坐下以後這麼慢慢啃，從舀骨邊肉到吮湯，就是因為排妥了每一樣缺它不可的道具，可以把自己照料得很好，直到鍋底漸漸露出來為止，坐著都不用站起來，其實是，懶的極致。

覺得好滿足。

筷子

兒子吃麵，不乖乖吃麵，盯著手中的筷子問我：「為什麼筷子前面尖尖的地方，有一條一條的條紋？」

哦，那是素麵麵線專用的筷子啊。

某年夏天到京都玩，在公長齋小菅店裡，一眼發現了我想要的青皮筷子。青皮筷子是竹筷子的一種，沒有完全把竹子的青皮削去，因此三面是黃棕的竹色，一面會是我喜歡的，濃濃的綠色。

我在京都「吉兆」食譜上的彩色照片，瞥見這種筷子，一直吵著要公長齋小菅第五代的小菅達也先生做給我，他說沒辦法啦好麻煩。這會兒看到，哇，真的許願成功了。

不過這把青皮筷子，居然是夏季限定的，吃素麵的專門筷。

我仔細看了一下什麼叫吃素麵的專門筷。原來是在滑溜的竹筷尖端，刻出幾條橫向的深紋。可以想像咕溜帶湯的夏季涼麵，夾起來以後不會像泥鰍，出現唏哩呼嚕抓不住，翻身又滾回湯裡面的窘況。

哎呦，好好玩，還沒有認真想過素麵真的需要一把專門筷耶。新奇又好奇，回家馬上做了梅爾檸檬的冷麵，為了要配這雙筷子。

說起來，我筷籃裡面的筷子，都是些這麼有個性的傢伙，彼此之間，還蠻合不來的。

從傳統長輩家的筷籃裡取筷，簡單又快。整把筷子通通都是同一個花色，這支抓了就跟另一支，配成對，沒有誰非得跟誰在一起的問題。我們家準備吃飯前，無論是誰備碗筷，都會在筷籃前面站很久，還一直發出「恰恰、恰恰、恰恰」手指在裡面滾動翻揀許久的雜音。餓得不耐煩的時候，聽起來特別惱人，想要怒吼：到底要不要拿筷子來了啦！

不是啊，因為裡面的筷子，有的尖得可以剔牙，有的渾圓又胖，有的長而兩頭開尖，有的短短細巧。不用說，灰的綠的黑的，顏色不一樣，配在一起也奇怪。光拿對公母就攣花時間的，就算我自己備碗筷也一樣慢。

但每一雙個性獨特的傢伙，在對的時刻用上，馬上會讓人覺得，它好可愛。好，下次找筷子絕對不要不耐煩。

吃蟹的筷子就是這樣一雙甜心啊。我不常買蟹，但買了活蟹，甜潤的蟹管一定是不能錯過的。我不太用蟹鉗那麼暴力的傢伙。取一雙尖得像要拿來剔牙的筷子，稍微戳戳，就能把幼白細嫩的蟹肉，剔出來熬粥或直接吞肚囉。

炸物的長筷也好貼心。偶有的當季漂亮蔬菜或細甜的魚鮮，我如果有時間，就會炸成天婦羅來吃吃。用薄薄的、米的粉，裹切得細細的食材，炸好沾一點點鹽就好。難得的鮮綠氣味，或軟而嫩香的魚肉甜味，就會被保護得好好的，好好吃。入口，嘩嘩地滿口幸福。一尾鶴鱵，八片魚，或是塞起司的櫛瓜花五六朵，通常我都一個人獨享，炸得不多。因此沾好粉衣的時候，用長出別人一大截，但仍細細巧巧的長筷夾好，穩穩準準地放入油鍋，高溫的油應聲發出滋滋的低鳴，帶著小泡泡的樂音，聽起來好美妙。長筷使一切優雅準確，會讓人產生自己好像很會炸的虛榮感。

一片一片，按照落鍋的先後順序，按照大小尺寸的微妙差異，在恰當的時間點用長筷替他們翻身。不掀波瀾，也不燙手，再度覺得自己真是太優雅了。

炸妥，用京都茂作的黃銅瀝勺，或是金網つじ的不鏽鋼瀝網，撈起。長筷再來，輕觸著食材的兩端，輕輕地上下幾下，不打擾它的膨柔，瀝掉多餘的油，從筷間傳來的觸感，鬆脆輕薄，是充滿誘惑與魅力的一刻。

最近喜歡的，是看起來平凡無奇的筷子。沒有尖嘴，沒有橫條紋，沒有長個子，究竟是愛它的什麼？

香氣哦，是香氣。扁柏筷子的香氣，好舒服。烘好碗之後，好期待打開玻璃門，嘩地一下，如沐加拿大針葉林的氣味，太療癒了。我閉上眼睛，就聞到北緯四十五度的涼冽；睜開眼睛，沒想過眼前只是一副筷子吧？

太有趣了。我喜歡湯匙，有隨時蒐集湯匙的癖好，但沒注意到自己也蒐集到了那麼多不同的筷子。好喜歡，每一雙都適合一盤不同的料理，每一挾都嚐到不同的心情。至於湯匙，下次說給你聽。

實驗中的玻璃瓶

我有許多實驗中的樣本，放在玻璃瓶裡……

嗯，別擔心，不是泡在福馬林裡的眼球，或是月夜收集來的蜥蜴指甲，只不過是一些我不確定好不好吃的小東西們。

比方說：「文旦適合漬在酒裡嗎？會不會沒什麼滋味呢？」我一面翹著腳剝文旦，嫌自己吃得太多、太膩，一面順手把吃不完的柚瓣剝進玻璃罐裡。嗯，看上去就覺得很淡，照這樣子我應該再刨幾片指甲大小的淺黃柚皮，跟清酒一起釀進瓶子裡去。

還真不知道會變成什麼樣的味道欸。

整罐封好丟在床腳，加入其他實驗中的玻璃瓶群。一整排的「學長姐」早已經等在那裡，有鹽漬檸檬、梅子糖漿、金桔醋，和昆布鹽麴……實驗室一不小心越存越多，堪稱家財萬罐。

實驗只有一項守則，那就是別、別弄得太大罐。弄得太大罐，失敗了使人傷心。啊，不，比傷心更傷心的，是太大罐很難收拾，連丟的時候都加倍費勁、加倍罪惡。

猶記一次做脆梅，好心的梅商把我訂的三斤送成了十斤，也不計較，就送給了我。但我慘翻了啊，夜間十點開始搓鹽去苦，搓到半夜一點還不見底。漂完水呼呼大睡，結果苦味是沒了個徹底，但酸味也仙飛不見了。脆梅本來應該令人臉要揪成一團的美好酸甜，沒啊，都沒有。卻又特別的大量，一桶玻璃罐消耗完了，一桶玻璃罐還在。不夠好吃，沒有臉送人，留來留去留成仇，擠爆我的迷你冰箱，被家人嫌棄得個要命。

所以以後就，小小一罐，掌高的玻璃瓶，裝一點好奇心，裝一點實驗性，就好。

少少的分量，感覺比較輕鬆。啊，想像起來好像是這樣，但實際上常常狀況橫生。喜歡動手做點東西的話，你知道的，有時候少比多更麻煩。我那因為量太少所以一閃神就燒焦了的美人柑帶皮果醬，我那因為量太少所以不小心水面低了就發黴了的醃酸豇豆，我那……不說了。

或者是，因為買太少而平白承受的，眼神槍戰。濱江市場裡，賣新鮮破布子的攤商老闆就用白眼表示，他懷疑我是來找麻煩的，或者是，我算數不太好。他說，拜託，這個三斤一百好嗎？這麼便宜划算，妳只買一斤是要幹嘛啦？煮好該不會一口就沒了？

哼，管我。

的確，花八個小時，摘枝、揀子、去蒂，再長時間熬煮去澀，不時攪煮，怕它們受熱不均，怕它們黏在一起不開心（不，它們黏在一起好像很開心）。水量多的時候，怕樹子太少，一下就要燒破燒爛了；水量少的時候，樹子真的太少，又特別擔心容易燒乾。像拉拔小孩，像照顧一班托兒所一樣費心，辛苦半天等到它們畢業，最後，成品一罐半，的確是微感淒涼。

不過，除了「不知道究竟好不好吃」的不確定感與焦慮，我是真心喜歡小鍋小鍋地煮，仔仔細細看著每一粒每一粒在鍋裡，咕嘟咕嘟地翻滾哪、啵滋啵滋地爆開啊，好開心，好滿足。「原來是這個時候會變色啊。」「原來翻滾的時候這麼可愛啊。」絕對不喜歡一大缸一大缸，面貌模糊地囫圇滾果。也不想要我那噗通噗通心跳等著的實驗期待感，被重複了又重複的大量流程，磨到全無心跳。啊，不是，是全無期待，只想下莊走人。

最後覺得頓足搥心肝的時刻也不少，大概都是成品過分驚豔的時候。自家醃好的破布子不那麼那麼甜，醬香清幽，果子本身的清香感溢出，還沒輪得到蒸魚呢，炒了一盤青菜覺得香甘加乘，很搭調，但炒了下一盤就罐底告急。呷好倒相報地把剩餘珍物捧回家孝敬母親，母親應該笑歪了想說這麼一小罐究竟是孝還是不孝。

好的味道，量少一點沒關係，放在記憶裡留戀，還挺美的。

記得第一次自己炸豬油，員外阿舍似地，不想把油皮炸到最後一刻，最好是油還清清透透，油皮還細細白白，絲毫沒有一點焦褐的細碎，就停火舀出。一開始還不確定這種做法好不好，但兩小罐玻璃罐，在窗下的逆光裡，透得像晶石，香味曖曖，不烈而郁，覺得美妙極了。但它們畢竟就是豬油，正當八月，炒了幾回空心菜，腴潤是腴潤，卻也膩了。我感謝自己只有實驗兩小罐，剛剛好。

有一年從台中 Yuan 餐廳主廚阿元那裡，得手一大盒香檬花。白色的小花，但和平常素雅清純的白花系相比，香氣更為冷豔，有夜的氣息。應該做成什麼呢？花凋得快，我得趕快決定，於是就順手漬進手邊剛好有的XO白蘭地裡去。第一次漬花，分量沒個準，手撒一把就是了。

漬了花的烈酒，一週就能開瓶享用。實驗結果究竟如何呢？花明顯太濃，比野薑花盛開還濃郁的氣味，成團籠罩。幸而酒也甜烈，淋在裝滿碎冰的杯裡，微微融開，剛剛還像一整把大而無當的花，現在彷彿一枝枝都抽出來修剪插瓶，高低有致，香味層層拂來。以結果來看，超不理性的實驗，還算是美味成功。

減了辛香蔬菜不知道好不好吃的辣油，跟著施雜貨的阿默老師有樣學樣做的酸筍，還有加了刺蔥和檸檬乾的梅酒……我的實驗欲望無邊無際，玻璃瓶也越買越多。有浪漫的雙魚座朋友送我既浪漫又實際的禮物，就是直接宅配兩箱四十八罐玻璃瓶給我。太開心了，是那一年最棒的禮物。

我喜歡他送我的，罐口大、罐身平直沒有角、手輕易能夠深進去的玻璃罐。這樣我做了什麼奇怪的東西在裡面糟了一個糕，也不至於清理到想哭。

不要懷疑，四十八罐早已經消耗殆盡，裝填各式各樣的想像力，當然，還有嘴饞滋味。該再來囤積玻璃罐了。春末夏初的季節最危險，楊梅、李子、桃子接連上市，想和酒一起裝進瓶子裡，手癢得不得了。

於是到太原路直接批發一箱玻璃罐，順道同行的朋友瞪大眼睛問我：「妳是要做什麼來賣？」我忙著搬罐子跳上計程車，只說：「我明天要做實驗。」

她一定覺得我很奇怪。

〔自製雞油炒山茼蒿〕

雞油皮半斤、山茼蒿一大把、珊瑚菇、鹽

1 雞油皮洗淨晾乾，在鍋中以中火逼油，直至雞油皮縮成小塊後就可以視情況停火，將油舀入罐裡。

2 山茼蒿洗淨晾乾，切小段。

3 珊瑚菇洗淨剝開。

4 雞油兩匙入鍋燒熱，中小火炒香山茼蒿，接著放入菇翻拌，略微出水便可下鹽調味盛出。

5 剩下的雞油可以炒拌各種蔬菜，都適合。

後記

我一定是傲嬌，對於料理這件事。

完成書稿的這幾天，超熱，非常熱，是花蓮創下四十一度高溫的日子。我盡量避免走在路上，以免不小心昇華成氣體消失。

我沒有大家想像中的勤快，廚房什麼的絕對沒有走進去，連冰箱也沒有打開。因為隔太多天，連裡面有什麼都想不起來。實際一點地叫外送，進入一個夏眠的狀態。

就是有那種朋友，在線上敲我說，欸，去市場看看，有什麼香味蔬菜吧？

討厭啦，誰想去啦，好熱耶。摀住耳朵，不，先摀住鼻子好了，免得想像中的蔬菜香氣，會一直飄來。

她是那種，會起好早去市場，拍攝攤商們準備開市時，究竟是先鋪報紙還是先裝滿簍子，是塑膠方籃疊疊樂還是姑婆芋鋪滿鋪好，注意各種有趣細節故事的人。

好啦好啦，很早不熱的時候可以，走啦。

但就是在摸到市場攤上苦瓜凸一粒、凹一塊的嶙峋表面時，手指尖突然像活了起來（要變身了嗎），像被人注入高濃度的維他命B、滴雞精或者什麼更厲害的東西，唰的一點一滴亮起來、活起來。幾週的燥熱乾涸，不想做菜的心情，消失，它們自顧自地動起來。

回家，在奇怪的下午三四點，我突然手癢，抓出青色的苦瓜，快刀切成大塊，連同排骨酥（原來冰箱裡有這個啊），小燉二十分鐘成香味療癒的排骨酥苦瓜湯。

大概是剛剛唰唰唰切苦瓜的手感，太舒服，我著迷地把剩下的苦瓜，切成密密薄片。噝噝噝的爽快手感，汁隨之噴出來，過癮。

我根本想都沒有想，就從砧板拿起來當生魚片吃，一片接一片塞嘴裡。

啊啊，那從冰箱剛拿出來的冰涼感還在，那苦甘帶充分水分，好爽口。但是不是有什麼？一定有那個什麼，跟現在這一盤爽脆，很搭很搭的。

隨便亂翻一陣，有朋友送的鹽梅醬，和前陣子做高湯剩下來的柴魚片。

草率地敦促它們同盤，但真是的，柴魚片跟苦瓜怎麼那麼搭啊？比小魚乾的味道輕盈舒爽，再沾一點鹽梅，入喉之後，苦瓜的回甘更長、更優雅，更令人落定心情了。

我一定是傲嬌，對於喜歡料理這件事。

當然很懶，非常懶，但每一個料理時的環節，逛市場、組合食材、切來切去、燉來燉去、搭配佐料……都像新遊戲吸引宅宅高手，像新跑道吸引賽車高手，像靶紙吸引弓道高手，一面說不要啦，好麻煩耶，一面手指尖上癮得不得了。

我不勤勉，不樂意服侍家人，不擅長找朋友來家裡吃喝聚會，遠離家宴，沒有固定做菜的時間。料理很少用來交朋友，不用來款待，單純就是滿足我自己的好奇心、上癮感，各種衝動。但是，真夠過癮的耶。

這一本小小的書，記滿我的衝動，分享給大家，希望大家跟我一樣任性，不要太溫良恭儉讓。

不想做菜時不要勉強，然後，某一天想做菜時的衝動會拉著你往前跑，停都停不下來。

Lohas 003

秋刀魚變溫柔了

作　　者　盧怡安
攝　　影　盧怡安
執行編輯　吳愉萱
校　　稿　林芝
裝幀設計　犬良品牌設計
行銷企劃　黃禹舜
總 編 輯　賀郁文

出版發行　重版文化整合事業股份有限公司
臉書專頁　www.facebook.com/readdpublishing
連絡信箱　service@readdpublishing.com

總 經 銷　聯合發行股份有限公司
地　　址　新北市新店區寶橋路 235 巷 6 弄 6 號 2 樓
電　　話　(02)2917-8022
傳　　真　(02)2915-6275

法律顧問　李柏洋律師
印　　製　中茂分色製版印刷股份有限公司
裝　　訂　同一書籍裝訂股份有限公司

一版二刷　2023 年 8 月
定　　價　新台幣 420 元

國家圖書館出版品預行編目（CIP）資料

秋刀魚變溫柔了 / 盧怡安作 . -- 一版 . -- [臺北市]
: 重版文化整合事業股份有限公司 , 2022.10
面；　公分 . -- (Lohas ; 3)
ISBN 978-626-95485-8-3(平裝)

1.CST: 飲食 2.CST: 文集

427.07　　111013313